인류는
어디에서 왔을까?

THE STORY OF MAN
by Biman Basu

Copyright © Biman Basu, 1997
First published in India by National Book Trust, 1997
Korean translation copyright © 2011 by Kyong-Hee Heo, Inmunwalk
Publishing Co.

인류의 기원을 찾아가는 화석 사냥꾼 이야기

인류는 어디에서 왔을까?

글·그림 **비먼 바수** | **최영미** 옮김

인문산책

인류를 향한 아름다운 꿈을 위하여

'청소년 교양카페' 기획의 첫 번째 책으로 《인류는 어디에서 왔을까?》를 선보이게 되었습니다. 이 책은 인류의 조상을 찾아가는 화석인류학자들의 이야기를 중심으로 어떻게 인류의 기원과 역사가 밝혀지게 되었는지를 흥미진진하게 보여주는 책입니다.

한때 '최초의 인류'로 알려진 '루시'를 발견한 인류학자 도널드 조핸슨 교수(현재 미국 애리조나주립대 인류학과)는 2009년 서울을 방문하여 다음과 같은 메시지를 전했습니다.

"인류의 기원이 유럽이 아니라 아프리카라는 것, 그리고 백인 유럽 남성이 아닌 흑인이 최초의 인간이란 것은 유럽중심주의적 사고에 빠진 유럽인들에겐 받아들이기 힘든 사실이었습니다. 동시에 진화론은 '인류 평등'과 '운명공동체'라는 메시지를 전합니다. 우리는 모두 호모 사피엔스입니다. 피부와 머리 색깔, 눈 모양과 관계없이 우리는 모두 동일한 종으로 공통의 미래를 함께 공유하고 있습니다. 인간이 공통의 기원을 가지고 있다는 것은 우리가 서로 연결되어 있음을 늘 상기시켜 지금 우리가 겪고 있는 문화 간의 단절, 계급 간의 단절을 메울 수 있는 답이 될 수도 있다고 생각합니다."

청소년 시절은 나와 그 주변에 대한 호기심이 왕성한 때입니다. 나와 세계를 발견하고자 하는 호기심은 사소한 의문에서부터 시작할 수 있습니다. 철학자들이 "나는 누구인가?"라고 질문을 하듯이, 인류학자들은 "인류는 어디에서 왔을까?"라는 질문을 던집니다. 그리고 이러한 질문들은 인류의 지적 세계를 풍부하게 채워왔습니다.

이제 지구는 서로 연결된 네트워크 세상이 되었습니다. 서로 다른 생김새와 문화를 가진 지구촌 사람들이 매일매일 인류를 향한 아름다운 꿈을 갖는다면 우리가 사는 세상은 좀 더 많은 변화들로 가득 찰 것입니다. 인류 진화 이야기가 단순히 인간의 물질적 진화에 대한 이야기가 아니라 좀 더 나은 인류의 미래를 향해 나아가는 길 위에 있음을 느껴보시기 바랍니다. 그럼 화석 사냥꾼들과 함께 인류 진화 여행을 시작해볼까요.

화석인류학자들의 열정이 밝힌 인류 이야기

    인류의 기원이 언제 어디에서부터였는지에 대한 궁금증은 과학자, 철학자, 그리고 일반 대중들에게 언제나 흥미진진한 주제였습니다. 하지만 토머스 헨리 헉슬리나 찰스 다윈이 원숭이와 인간 사이의 고리를 처음으로 규명하기 시작한 19세기 후반까지는 여전히 미지의 세계로 남아 있었습니다. 비록 신이 이 세계와 모든 생명체를 창조했다고 믿는 사람들에게는 혐오스러운 일이었겠지만, 화석 뼈를 연구함으로써 인류의 조상을 찾아가는 화석인류학자들의 연구를 통해 원숭이와 인간 사이의 진화론에 대한 생각이 점차 뿌리를 내렸습니다. 서서히 새로운 화석 증거가 발굴됨에 따라 인류의 기원에 대한 퍼즐 맞추기에서 서로 다른 조각들의 앞뒤가 딱 맞아 떨어지기 시작했습니다. 몇몇 잃어버린 조각들이 여전히 남아 있긴 하지만, 오늘날 전체적인 그림은 적절하게 완성되었습니다.

지금까지 드러난 것이 무엇이든 간에 약 800만 년 전에 나무 위에서 살았던 원숭이와 비슷한 생명체로부터 믿을 수 없을 정도의 위업을 달성해온 지적 생명체인 인간으로의 여정에 대한 인류 진화 이야기는 결코 순조로운 것만은 아니었습니다. 많은 격변과 난관이 끼어들었습니다. 하지만 뜨거운 열대 아프리카나 전 세계 화석 발굴지에서 우리의 먼 조상을 찾기 위해 편안한 삶을 포기한 화석인류학자들의 이야기는 좀 더 흥미롭게 펼쳐집니다.

이 책은 언제 무엇을 찾을 수 있는지에 대한 보장도 없이 타는 듯한 햇볕 아래에서 돌무더기나 어둠 속에 둘러싸인 이빨과 턱 조각, 균열된 뼈 조각을 찾아내는 화석인류학자들의 고집스런 일에 대한 이야기입니다. 그들의 성공이나 실패에 대한 무용담은 그 어떤 탐정 스릴러물보다 재미있고 마음을 사로잡곤 합니다. 그들은 발견된 턱뼈 조각이나 팔다리뼈가 원숭이에 속하는 것인지, 인간에 가까운 생명체에 속하는 것인지를 알아냅니다. 또한 어떤 화석 두개골에 속하는 생물체가 말을 할 수 있었는지를 알아내기도 합니다. 수억 만 년 전 유물 화석들의 정체를 알아내는 그들의 기발한 방법은 정말로 셜록 홈스가 혀를 내두르고 탄복할 정도입니다.

인류 진화에 내가 관심을 가진 것은 이 주제를 라디오 편성물로 제작하는 과정에 참여하면서부터입니다. 그때 나는 배경 지식이 되는 자료를 준비해야만 했었습니다. 당시 가능한 모든 자료를 모으고 난 후 나는 내 앞에 놓여 있는 풍부한 정보에 깜짝 놀라지 않을 수 없었습니다. 라디오 기획물의 에피소드에서 보여줄 수 있는 것보다 훨씬 많은 양이었던 것입니다. 그리고 이 자료들은 영구적으로 남겨질 가치가 있었습니다. 라디오 기획물은 큰 성공을 거두었고, 이것을 책의 형태로 남겨두자는 생각이 머릿속을 떠나지 않았습니다. 마침 '대중과학시리즈' 주제하에 책을 만들었으면 좋겠다는 출판사의 의뢰가 들어오면서 기회가 찾아왔습니다.

하지만 책을 쓰는 일은 내가 생각한 것처럼 쉬운 일은 아니었습니다. 내가 정보를 업데이트 하려 할 때, 내 입에서는 경악에 찬 신음을 내게 하는 일이 있었으니 새로운 화석과 이론이 계속해서 발견되고 주장되었던 것입니다. 결국 처음에 써놓았던 내용들은 거의 무용지물이 되고 말았습니다. 새로운 발견들에 맞춰 본문을 고치는 일은 거의 악몽에 가까웠습니다. 그렇게 끌어온 원고는 거의 20년의 시간이 흘러 20세기 말을 기점으로 모든 자료에 대한 정리를 마쳤습니다. 만일 이후에 새로운 사실이 드러나 이 책에서 말한 내용과 상충이 된다면 독자들은 나를 용서해주길 바랍니다.

나는 많은 친구들과 동료로부터 용기를 얻었는데, 특별히 인류 진화에 대한 라디오 시리즈물을 진행할 수 있도록 독려해주고 이 작업을 통해 특권을 누릴 수 있게 해준 폰 드케에게 큰 빚을 졌습니다. 초고에 대한 그의 귀중한 조언은 나에게 마지막 원고를 준비하는 데 많은 도움을 주었습니다. 내 친구 샨쿤탈라 바타차리야는 친절하게도 그녀의 귀중한 책들을 기꺼이 빌려주었습니다. 그리고 나에게 원고마감일이 지났음에도 인내심을 가지고 원고를 기다려준 NBT 출판사의 만주 굽타와의 거듭되는 밤샘작업이 없었다면 결코 집필을 끝내지 못했을 것입니다. 컴퓨터에 본문을 입력해주고 내가 요구한 모든 수정을 흔쾌히 작업해주었던 라파엘에게도 특별한 감사를 보냅니다. 그리고 무엇보다도 내게 셀 수 없을 만큼 많은 차를 끓여주느라 늦은 시간까지 내 옆을 지켜주었던 나의 아내 알로카의 끊임없는 수고와 지지를 결코 잊지 못할 것입니다.

비먼 바수

한눈에 보는 화석 발견지

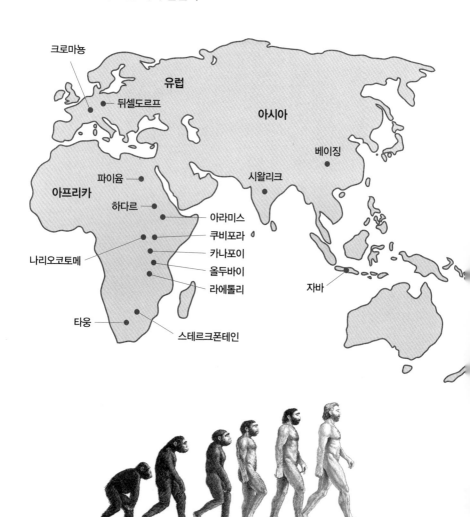

크로마뇽

유럽

아시아

뒤셀도르프

베이징

파이윰

시왈리크

아프리카

하다르

아라미스

쿠비포라

카나포이

올두바이

라에톨리

나리오코토메

자바

타웅

스테르크폰테인

발견 지역	화석명	화석 연대	발견자	발견 연대
파이윰(이집트)	에집토피테쿠스	2,800만 년	E. 시몬스	1965년
시왈리크(인도)	라마피테쿠스	1,400만 년	가이 필그림	1910년
아라미스 (에티오피아)	아르디피테쿠스 라미두스	440만 년	팀 화이트	1994년
카나포이(케냐)	오스트랄로피테쿠스 아나멘시스	410만 년	미브 리키 앨런 워커	1995년
라에톨리(탄자니아)	오스트랄로피테쿠스 아파렌시스(발자국)	360만 년	메리 리키, 앤드류 힐	1978년
하다르 (에티오피아)	루시 (오스트랄로피테쿠스 아파렌시스)	320만 년	도널드 조핸슨	1974년
하다르 (에티오피아)	최초의 가족 (오스트랄로피테쿠스 아파렌시스)	320만 년	마이클 부시	1975년
하다르 (에티오피아)	오스트랄로피테쿠스 아파렌시스(두개골)	370만 년	도널드 조핸슨	1992년
타웅 (남아프리카공화국)	타웅 아이 (오스트랄로피테쿠스 아프리카누스)	100만 년	레이먼드 다트	1924년
스테르크폰테인 (남아프리카공화국)	오스트랄로피테쿠스 로부스투스	200만 년	로버트 브룸	1938년
올두바이 (탄자니아)	오스트랄로피테쿠스 보이세이	180만 년	메리 리키	1959년
올두바이 (탄자니아)	호모 하빌리스	170만 년	루이스 리키	1963년
쿠비포라(케냐)	호모 하빌리스	170만 년	리처드 리키	1972년
자바 (인도네시아)	자바 원인 (호모 에렉투스)	100만 년	외젠 뒤부아	1890년
베이징(중국)	베이징 원인 (호모 에렉투스)	100만 년	페이(裵文中)	1914년
나리오코토메(케냐)	투르카나 소년 (호모 에렉투스)	160만 년	리처드 리키	1984년
뒤셀도르프 (독일)	네안데르탈인 (호모 사피엔스 네안데르탈렌시스)	25만 년		1856년
크로마뇽(프랑스)	크로마뇽인 (호모 사피엔스 사피엔스)	3만 5,000년		1868년

화석의 연대 측정으로 본 생존 시기

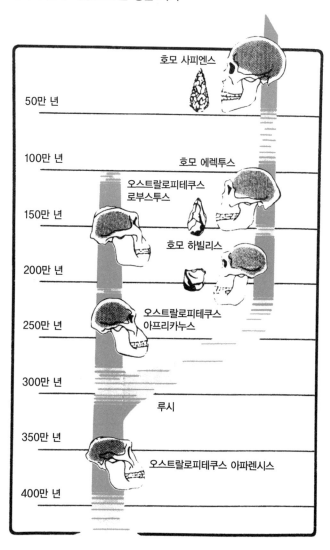

호모 사피엔스

50만 년

100만 년 호모 에렉투스

오스트랄로피테쿠스
로부스투스

150만 년

호모 하빌리스

200만 년

오스트랄로피테쿠스
아프리카누스

250만 년

300만 년

루시

350만 년

오스트랄로피테쿠스 아파렌시스

400만 년

발견 연대	화석명	화석 연대	발견자	발견 지역
1856년	네안데르탈인 (호모 사피엔스 네안데르탈렌시스)	25만 년		뒤셀도르프 (독일)
1868년	크로마뇽인 (호모 사피엔스 사피엔스)	3만 5,000년		크로마뇽(프랑스)
1890년	자바 원인 (호모 에렉투스)	100만 년	외젠 뒤부아	자바 (인도네시아)
1910년	라마피테쿠스	1,400만 년	가이 필그림	시왈리크(인도)
1914년	베이징 원인 (호모 에렉투스)	100만 년	페이(裵文中)	베이징(중국)
1924년	타웅 아이 (오스트랄로피테쿠스 아프리카누스)	100만 년	레이먼드 다트	타웅 (남아프리카공화국)
1938년	오스트랄로피테쿠스 로부스투스	200만 년	로버트 브룸	스테르크폰테인 (남아프리카공화국)
1959년	오스트랄로피테쿠스 보이세이	180만 년	메리 리키	올두바이 (탄자니아)
1963년	호모 하빌리스	170만 년	루이스 리키	올두바이 (탄자니아)
1965년	에집토피테쿠스	2,800만 년	E. 시몬스	파이윰(이집트)
1972년	호모 하빌리스	170만 년	리처드 리키	쿠비포라(케냐)
1974년	루시 (오스트랄로피테쿠스 아파렌시스)	320만 년	도널드 조핸슨	하다르 (에티오피아)
1975년	최초의 가족 (오스트랄로피테쿠스 아파렌시스)	320만 년	마이클 부시	하다르 (에티오피아)
1978년	오스트랄로피테쿠스 아파렌시스(발자국)	360만 년	메리 리키, 앤드류 힐	라에톨리(탄자니아)
1984년	투르카나 소년 (호모 에렉투스)	160만 년	리처드 리키	나리오코토메(케냐)
1992년	오스트랄로피테쿠스 아파렌시스(두개골)	370만 년	도널드 조핸슨	하다르 (에티오피아)
1994년	아르디피테쿠스 라미두스	440만 년	팀 화이트	아라미스 (에티오피아)
1995년	오스트랄로피테쿠스 아나멘시스	410만 년	미브 리키 앨런 워커	카나포이(케냐)

생물은 오랜 시간에 걸쳐 서서히 변해 가는데,

그 과정에서 전에는 볼 수 없었던 새로운 생물이 나타나기도 하고 또 사라지기도 한다.

생물이 살아남는 것은 오직 환경에 얼마나 적응하느냐에 달려 있다.

결국 자연의 선택에 따라 생물은 살아남고 새롭게 진화하는 것이다.

–찰스 다윈의 《종의 기원》에서

차례

읽기 전에

포유류 영장류(영장목) 원숭이 중 꼬리가 달린 것은 'monkey'라고 부르고, 꼬리가 없는 것은 'ape'이라고 부르는데, 인류 진화상에서는 주로 'ape'을 다룹니다.

영어에서 'ape'은 'monkey'로 불리는 꼬리가 달린 원숭이와는 다르게 '유인원(類人猿)'이라고 부르고 있지만, 현실에서는 꼬리가 없는 침팬지, 고릴라, 오랑우탄까지 원숭이로 부름으로써 둘은 많이 혼란되어 쓰이고 있습니다.

이 책에서는 사람과인 호미니드hominid에 해당하는 오스트랄로피테쿠스 종과 호모 종은 유인원으로 표기하고, 그 외 침팬지, 고릴라, 오랑우탄 및 사람과 비슷한 동물이나 사람이 아닌 호미노이드hominoid는 원숭이로 표기하였습니다. 이러한 기준을 따른 이유는 직립보행을 통한 인간으로의 진화 과정을 뚜렷이 보여주기 위해서입니다.

7

나무에서
뻗어 나가는
가지처럼

인류 진화 계통수

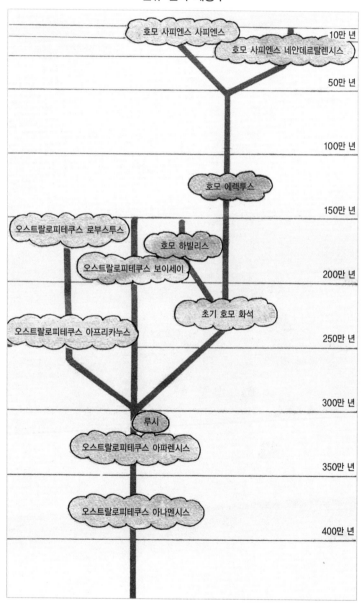

호모 사피엔스 사피엔스

호모 사피엔스 네안데르탈렌시스

10만 년

50만 년

100만 년

호모 에렉투스

150만 년

오스트랄로피테쿠스 로부스투스

호모 하빌리스

오스트랄로피테쿠스 보이세이

200만 년

초기 호모 화석

오스트랄로피테쿠스 아프리카누스

250만 년

300만 년

루시

오스트랄로피테쿠스 아파렌시스

350만 년

오스트랄로피테쿠스 아나멘시스

400만 년

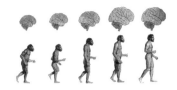

 인류의 조상이 진짜 원숭이인가?

우리는 어디에서 왔을까요?

우리의 조상들은 언제 지구상에 처음 나타났을까요?

이런 질문들은 오랫동안 인류의 기원에 대한 궁금증을
자아냈습니다. 그리고 이에 대한 무수히 많은 답변들이
있었습니다. 초기에는 창조론이 널리 받아들여졌습니다.
창조론에서는 '신' 또는 초월적 존재가 이 세계를 창조했
고, 그곳에 거주하는 모든 식물들, 동물들, 곤충들, 새들,
그리고 사람들을 동시에 창조했다고 말합니다. 창조에 대
한 생각은 거의 모든 종교 속에 깊이 뿌리 박혀 있었고,

인간은 신의 창조물 중에서 으뜸인 존재로 여겨졌습니다.

그러나 과학은 창조론과는 다른 시각으로 인류의 기원을 바라봅니다. 과학은 가능한 한 어떤 것이든 이성적인 설명과 증거들을 토대로 하여 관찰된 사실들을 이해하려고 합니다.

처음으로 인류가 원숭이에서 진화했다고 생각한 이는 영국의 자연주의 학자인 찰스 다윈Charles Darwin(1809~1882)이었습니다. 그는 1871년에 《인류의 유래The Descent of Man》에서 '종의 기원'을 적용하여 인류가 원숭이와의 공통 조상으로부터 진화해왔다고 말했고, 이는 곧 19세기 후반 유럽 사회를 발칵 뒤집어놓기에 충분한 논쟁거리가 되었습니다.

창조론을 뒤엎은 다윈의 진화론은 광범위한 연구를 토대로 한 것입니다. 그는 세계 곳곳의 대륙과 섬들에 서식하는 동물과 식물들의 삶에 대한 연구를 토대로 그의 가설을 세웠습니다. 그가 인류의 기원에 대한 가설을 세울 수 있었던 기회는 우연히 찾아왔습니다. 그는 1831년부터 1836년까지 5년간 탐사선 HMS 비글호를 타고 세계 곳곳을 탐험하였고, 이 항해 기간 동안 그가 보고 수집해온 수백 종의 식물들, 동물들 및 새들을 관찰하면서 서로 다른

처음으로 인류가 원숭이에서 진화했다고 주장한 찰스 다윈.

지리적 환경에 거주하는 비슷한 종들 사이에 작은 특성상
의 변화가 있음을 알아챘습니다. 다윈은 이 발견을 1895
년에 《자연선택의 방법에 의한 종의 기원*The Origin of
Species by Means of Natural Selection》에서 다루었습니다. 책에서
그는 '자연선택**'에 의해 어떻게 한 종이 변화된 환경에

---

* 1862년의 6판부터 제목을 《종의 기원》으로 바꾸었다.
** 찰스 다윈은 《종의 기원》에서 처음으로 자연선택을 통한 종의 진화에
대한 이론을 제시했다. 이 이론은 다윈이 주창한 진화론에서 가장 핵심
이 되는 부분이다. '적자생존'이란 용어는 후에 영국 철학자 허버트 스
펜서(Herbert Spencer)에 의해 사용되었다.

적응하여 좀 더 생존에 적합하게 다른 종으로 진화할 수 있는지를 기술하였습니다. 그는 인류 또한 이와 비슷한 과정을 거쳐 진화되었을 것이라고 믿었습니다.

다윈이 《인류의 유래》를 발표하기 이전에 토머스 헨리 헉슬리*Thomas Henry Huxley(1825~1895)는 1863년 《자연에서의 인간의 위치Man's Place in Nature》에서 인간과 원숭이 사이의 밀접한 상관관계에 대한 가설을 설정해서 인간과 원숭이의 해부학적인 비교를 자세하게 보여주었습니다. 헉슬리는 "원숭이와 우리 인간이 비슷한 점이 너무 많아서 진화상으로 피해갈 수 없지 않은가!" 하고 주장하기도 하였습니다. 그럼에도 그는 원숭이와 인류의 공통 조상들이 얼마나 비슷하게 닮았는지 정확하게 알아내는 일은 어렵다고 말했습니다.

* 영국의 생물학자로 과학자(scientist)보다는 '과학지식인(man of science)'으로 불린 인물로 과학의 대중화에 힘썼다. 옥스퍼드대학교 자연사박물관에서 열린 다윈의 《종의 기원》을 둘러싼 토론회에서 다윈의 진화론을 옹호하여 '다윈의 불독'이라는 별명을 얻었으며, 진화론의 보급에 크게 기여했다. 다윈의 진화론을 비판한 윌버포스 주교와 맞붙었는데, 다음의 말은 유명하다. "나는 원숭이가 내 조상이라는 것이 부끄러운 것이 아니라 (주교님처럼) 뛰어난 재능을 가지고도 사실을 왜곡하는 사람과 혈연관계라는 점이 더욱 부끄럽습니다."

1863년 헉슬리의 《자연에서의 인간의 위치》에 수록된 삽화. 왼쪽부터 긴팔원숭이, 오랑우탄, 침팬지, 고릴라, 인간의 해부학적 골격을 비교하여 보여주고 있다.

다윈의 위대한 가설

다윈은 《종의 기원》에서 "인류의 기원과 역사에 빛이 비추리라"는 암시만 준 채 인류 진화에 대한 문제를 직접적으로 언급하지는 않았습니다. 인류 진화에 대해 처음으로 자세한 토론을 진행시킨 것은 헉슬리의 《자연에서의 인간의 위치》에서였습니다. 이 책에서 헉슬리는 어떤 원숭이가 인류의 형태와 가장 밀접한지에 대해서는 말할 수 없음을 인정하면서 원숭이와 인간의 유사성을 살펴보기 위해 신체 해부학상의 비교 대상으로는 고릴라를 사용하고, 뇌를 비교하기 위해서는 침팬지를 사용했습니다.

헉슬리의 많은 추종자들처럼 다윈 역시 인간과 원숭이 사이의 밀접한 연관성을 설명하는 헉슬리의 연구에 이끌렸습니다. 다윈은 《인류의 유래》 6장에서 인간과 원숭이 사이의 유사성을 확신하면서 해부학 및 발생학적 중요성에 대해 많은 부분을 나열하였습니다. 다윈은 《인류의 유래》에서 다음과 같이 말했습니다.

"인류는 아마도 나무 위에서 사는 털이 있고 꼬리가 없는 네 발 짐승에서 유래했을 것이다.…내가 보기엔 고상한 자질들을 가지고 있는 인간이 여전히 육체적 골격에서는 하등한 기원에서 진화한 지울 수 없는 낙인을 품고 있다고 보여지는데, 우리는 이 점을 인정해야 한다."

다윈은 아프리카 원숭이*와 인간 사이의 연결고리를 찾으려 애쓰면서 인류의 조상이 아프리카에서 발생했다는 가설을 세웠습니다. 그 뒤 탐험가들은 다윈의 가설을 토대로 잃어버린 고리를 찾아 아프리카로 떠났고, 오늘날

* 꼬리 없는 원숭이를 말한다. 아프리카 원숭이에는 침팬지, 고릴라, 보노보, 피그미침팬지 등이 있고, 아시아 원숭이에는 긴팔원숭이, 오랑우탄 등이 있다.

우리는 다윈의 가설을 진실이라고 받아들이고 있습니다.

다윈은 또한 두 발로 걷기, 도구 사용하기, 확장된 두뇌와 같은 복잡한 인간적 특성이 함께 진화되었다고 생각했습니다. 다윈은 《인류의 유래》에서 다음과 같이 말했습니다.

"손과 팔을 자유롭게 사용하고 두 발로 굳건히 서는 것이 인류에게 유리한 것이라면, 이 특성들로 인해 인류가 생존의 전쟁터에서 크게 승리했으리라는 것은 확실하다. 점점 더 두 발만을 사용하여 직립보행한 것이 인류의 조상에게 좀 더 유용한 방향으로 진화되었다. 이전에는 손과 팔이 단지 몸의 무게를 지탱하기 위해 사용되었거나 특별히 나무에 오르기에 적합한 정도라고 한다면, 점차 손과 팔은 제조된 무기를 들어 정확한 목표물을 향해 돌과 창을 던지기에 충분할 정도로까지 완벽하게 진화되었다."

다윈의 《인류의 유래》가 출간되었을 당시, 이 책은 기존의 창조론에 위배된다고 하여 엄청난 격론을 일으켰습니다. 그와 동시에 과학자들에게는 인류의 기원을 탐험하기 위한 연구의 주제를 제공하였습니다.

먼 옛날, 나무 거주 원숭이가 살았다!

다윈이 암시한 대로 만일 인류가 정말로 원숭이 종에서 진화했다면, 다음과 같은 의문을 당연히 갖게 될 것입니다. 왜 하필 원숭이인가요? 원숭이에게 어떤 특별한 부분이 있어서 적어도 그들 중 하나가 우리와 같은 고등한 존재로 진화할 수 있었던 것일까요?

이 질문에 대한 답은 그리 어렵지 않게 찾을 수 있습니다. 우리가 동물의 왕국을 보고 있자면, 침팬지, 고릴라, 오랑우탄과 같은 원숭이군들이 다른 동물군과 확연히 동떨어져 있음을 알 수 있습니다. 여러 면에서 이 꼬리 없는 숲속의 거주자들은 신체적 겉모습뿐 아니라 행동적인 면에서도 인간과 이상하리만큼 많이 닮아 있음을 보여줍니다.

인간과 원숭이의 유사성을 발견하기에 앞서, 우리는 먼저 원숭이들이 숲속의 나무 위에서 어떻게 적응하며 살았는지를 살펴보도록 하죠.

무엇보다 먼저 나무 위의 삶에서 가장 필요한 조건은 나뭇가지를 부여잡을 수 있는 능력입니다. 이때 발톱보다 손톱을 가진 손가락의 능력이 중요시됩니다. 특히 마주보고 있는 엄지손가락이 중요한데, 엄지손가락과 검지손가락을 함께 사용해 견과류나 열매와 같은 작은 음식을 집을 수 있게 되는 것입니다.

나무 거주 원숭이들에게는 나뭇가지를 부여잡는 능력 외에 앉거나 똑바로 서는 능력 또한 필요했습니다. 이때 원숭이들은 자유로워진 자기 앞쪽에 위치한 팔다리를 사용해서 음식물을 움켜잡거나 다룰 수 있었고, 다른 일들도 할 수 있었습니다.

나무 위에서 생활하는 데 있어 또 다른 필수조건은 나뭇가지로 뛰어오르기에 앞서 나뭇가지 사이의 거리감을 정확하게 판단하는 능력입니다. 원숭이 머리 앞쪽에 위치한 양쪽 눈은 이러한 거리감을 입체적으로 볼 수 있도록 해 줍니다.

대부분의 다른 포유류와는 달리 원숭이는 잘 발달된 색각*色覺을 지니고 있었는데, 이것은 숲속에서 생활하는 데 아주 유용합니다. 왜냐하면 이 색각은 과일이나 열매, 그리고 다른 먹을거리를 구별하게 해 주며, 또한 시각적 의사소통을 가능하게 해 주기 때문입니다.

* 빛의 파장 차이를 구별해서 색을 분별하는 감각.

나무 거주 원숭이들이 손가락 끝으로 나뭇가지를 잡거나 멀리 떨어져 있는 나뭇가지 사이의 거리를 판단하거나 그와 유사한 모든 유용한 정보를 처리하기 위해서는 효율적인 뇌가 필요했습니다. 먼 옛날 원숭이들은 이미 충분히 발달된 뇌를 가지고 있었고, 뇌의 크기가 점차 커졌습니다. 결과적으로 뇌용적의 증가는 원숭이에서 현생 인류로 진화하는 데 결정적인 역할을 하게 됩니다.

원숭이는 신체적 특징에서는 인간과 많은 유사성을 가지고 있지만, 아주 중요한 특징에서는 인간과 구별됩니다. 가장 중요한 차이점을 들자면 원숭이들은 우리 인간이 말하는 것처럼 말을 할 수 없다는 것입니다.

대부분의 동물들은, 심지어 원숭이들조차도 페로몬* pheromone이라고 불리는 체취나 얼굴 표정을 통해 서로 의사소통을 하기도 하고, 소리를 내거나 울부짖는 등의 몇 마디 음성적 소리를 통해 의사소통을 하기도 합니다. 음성적 의사소통 방식은 생존에 필요한 기본 욕구 정도는

---

* 동종 유인 호르몬이라 한다. 이 호르몬은 동물의 체내에 있는 특정 기관에서 만들어져 체외로 분비되는데, 극히 미량으로도 동종의 다른 개체에게 특유한 생리적, 행동적 반응을 일으키는 자극원이다.

잘 표현할 수 있습니다. 하지만 이러한 방식은 생각과 사고를 전달하는 인간의 의사소통 방식과 비교해보면 매우 부적절한 것입니다. 특별한 의미를 전달하기 위해 단어들을 입 밖으로 내서 사용하는 능력은 약 600만 년 전에 초기 유인원이 나타난 이후 그보다 훨씬 후대에 나타난 인류의 조상들에 의해 완성되었다고 오늘날 믿고 있습니다. '똑똑하게 발음할 수 있는 능력'은 곧 현생 인류로 가기 위한 지름길인 것입니다.

최초의 ape, 에집토피테쿠스

인류를 향한 복잡한 길을 탐색하기에 앞서 언제 처음으로 'ape'으로 분류되는 원숭이가 나타났는지 먼저 살펴보기로 할까요.

여러분은 화석 사냥꾼에 대해 들어보신 적이 있을 겁니다. 그들은 이빨, 턱뼈 조각, 두개골 등의 화석들을 수집하여 그 연대를 알아내고 연구하는 인류학자입니다. 그들은 무엇을 찾을 수 있다는 보장도 없이 세계 곳곳의 화석 지대를 다니며 인류의 조상을 찾아내려고 애쓰고 있습니다.

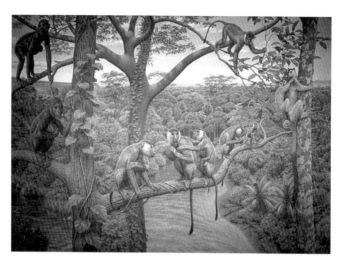

열대우림에 사는 에집토피테쿠스(중앙)와 프로콘술(왼쪽)을 상상하여 그린 그림.

　전 세계 화석 사냥꾼들의 수년간에 걸친 노고에 힘입어 원숭이 종은 대략 3,000만 년 전에 나타났다고 합니다. 과학자들이 긍정적으로 인정한 가장 오래된 원숭이 화석은 약 2,800만 년 전의 두개골입니다. 이 두개골 화석은 1965년 미국 예일대학교의 엘윈 시몬스Elwyn Simons가 북아프리카에 위치한 이집트의 사하라 사막 지대인 파이윰에서 발견하였습니다. 과학자들은 이 화석을 에집토피테쿠스*

* 이집트 지역에서 발견된 화석이며, 그리스어 '피테쿠스'는 '원숭이'라는 의미다.

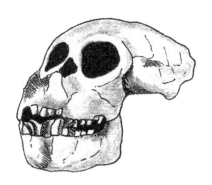

이집트 파이윰에서 발견된 에집토피테쿠스 두개골.

Aegyptopithecus라고 불렀습니다.

원숭이 두개골이 발견된 파이윰 지역 근처에서 과학자들은 초기 열대우림 지역에서 서식하는 식물 및 과일의 화석도 함께 발견하였습니다. 3,000~4,000만 년 전에 이 초기 열대우림 지역은 울창하고 푸른 숲속 한가운데에 위치해 있었던 것으로 추정합니다. 에집토피테쿠스는 이 열대우림 지역에 살면서 야생 과일과 열매를 먹으며 생존하였습니다.

파이윰에서 발견된 화석 뼈로 재구성된 에집토피테쿠스는 매우 작은 동물로 그 크기가 고양이나 작은 개보다 크지 않고 꼬리가 있었지만, 이빨의 형태는 꼬리 없는 원숭이와 비슷했습니다. 이런 특징 때문에 과학자들마다 분류에 어려움을 겪고 있긴 하지만, 이 동물은 'monkey'가 아닌 'ape'으로 분류되어 '인류의 직접 계통수에 나타난 우리가 아는 가장 오래된 생명체'로 인정되고 있습니다. 우리는 오늘날 아프리카 원숭이인 침팬지와 고릴라의 모습에서, 그리고 아시아 원숭이인 긴팔원숭이와 오랑우탄의 모습에서 에집트피테쿠스의 자손들을 볼 수 있습니다. 하지만 아프리카 원숭이나 아시아 원숭이들 모두 '원숭이다움'을 넘어서 현생 인류의 조상이 될 가능성은 없어 보입니다.

진정한 인류의 조상은 누구일까?

그렇다면 현생 인류의 진정한 조상은 어디에서 출발할까요? 오늘날 과학자들은 원숭이와 인간의 DNA 연구를 통해서 인류가 1,000만 년 전에 살았던 원숭이와 공통 조상을 가지고 있다고 믿습니다. 지금까지 과학자들이 여러 보고서에서 밝힌 화석 후보로는 케냐에서 출토된 프로콘술Proconsul과 케냐피테쿠스Kenyapithecus가 있고, 인도, 파키스탄, 중국, 케냐에서 출토된 라마피테쿠스*Ramapithecus와 시바피테쿠스**Sivapithecus가 있으며, 유럽에서 출토된 드리오피테쿠스Dryopithecus와 루다피테쿠스Rudapithecus가 있습니다.

이들 원숭이와 비슷한 생명체들은 800만 년부터 2,000만 년 전 사이에 다양한 시대에 걸쳐 살았습니다. 그중 가장 크게 관심을 일으킨 원숭이는 라마피테쿠스였습니다. 한때 라마피테쿠스는 원숭이에서 인간으로 진화한 인류의 가장 오래된 직계 조상으로 인정되기도 했습니다. 하지만 이 주장은 설득력을 잃어버려 지금은 인정되고 있지 않습니다. 일종의 '라마피테쿠스 논쟁'에 대한 자세한 사정을 살펴보기 전에 과학자들이 어떻게 발견된 화석을 원숭이에 속하는 것인지, 인간에 속하는 것인지를 구별하는지에 대해 알아보도록 하겠습니다.

먼저 원숭이와 인간을 구분하는 뚜렷한 차이는 이빨과 턱의 형태로 비교해볼 수 있습니다. 예를 들면, 전형적인 원숭이의 턱이 U자 형태를 취하는 반면에, 인간의 턱은 이보다 더 작은 아치형을 이루고 있습니다. 원숭이를 보면 턱이 앞으로 돌출되어 있고, 송곳니가 크며, 위송곳니

---

* 인도의 대서사시 《라마야나》에서 왕자 라마의 이름을 따서 불렀다.
** 인도의 삼신 중 세 번째 신인 파괴의 신 시바의 이름을 따서 불렀다.

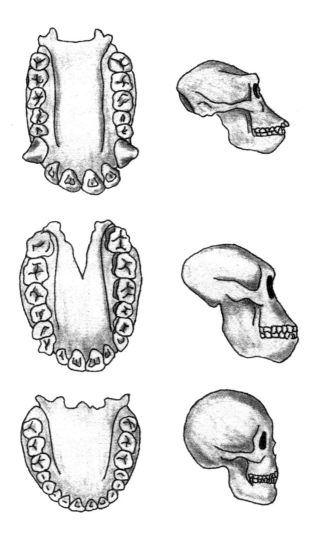

원숭이와 인간의 턱 : 원숭이(위쪽)의 턱이 U자 형태로 큰 송곳니를 가지고 있는 반면에, 인간(아래쪽)의 턱은 아치형으로 매우 작은 송곳니를 가지고 있다.

와 앞니 사이에 틈이 있습니다. 인간 또는 인간에 가까운 조상을 보면 턱은 앞으로 돌출되어 있지 않고, 송곳니는 작으며, 위송곳니와 앞니 사이에 틈이 없습니다. 더군다나 원숭이의 어금니는 인간의 어금니보다 훨씬 큽니다. 따라서 과학자들은 화석 턱이나 이빨을 주의 깊게 살펴봄으로써 그 화석이 원숭이에 가까운 것인지, 인간에 가까운 것인지를 판단할 수 있는 것입니다.

라마피테쿠스 논쟁

1910년 영국의 화석인류학자 가이 필그림Guy Pilgrim은 인도에서 지리적 조사를 하던 중 시왈리크 언덕에서 2개의 아래턱 화석을 발견했습니다. 당시 그는 이 발견의 중요성을 깨닫지 못했습니다. 필그림이 발견한 화석에 대해 처음으로 그 중요성을 알아본 이는 예일대학교 대학원생이던 에드워드 루이스G. Edward Lewis였습니다. 그는 1932년 인도의 찬디가르 근처 마을 군락에 있는 하리탈야 나가르 지역을 발굴하던 중 라마피테쿠스의 위턱 화석을 최초로 발견하였습니다. 그리고 이 화석을 라마피테쿠스라

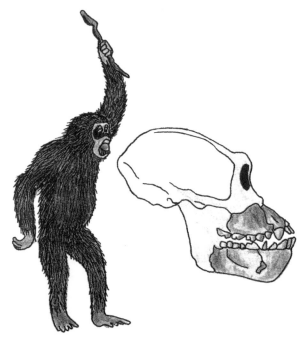

라마피테쿠스(왼쪽)와 윗턱과 아래턱 조각으로 재구성된 두개골(오른쪽).

고 불렀습니다. 그는 이 화석을 현생 인류와 원숭이의 공통 조상이라고 주장했습니다. 이 화석은 몇몇 인간의 턱과 같은 특성을 지녔고, 1,400만 년 전 것이었습니다. 이와 비슷한 화석이 후에 중국과 동아프리카에서도 발견되었습니다. 이후 데이비드 필빔David Pilbeam을 포함하여 많은 과학자들은 라마피테쿠스를 인류의 조상으로 인정하게 되었습니다.

하지만 1974년에 라마피테쿠스가 인류의 직계 조상이라는 지지설은 약화되기 시작했습니다. 당시 미국의 화석 인류학자인 도널드 조핸슨Donald Johanson이 아프리카의 에티오피아 하다르 지역에서 오스트랄로피테쿠스 아파렌시스Australopithecus afarensis를 발견함으로써 호미니드hominid(직립보행을 하는 영장류)의 계통이 아시아가 아닌 아프리카에서 발원되었음이 새롭게 밝혀집니다(이 책 18쪽의 계통수 참조).

라마피테쿠스에 대한 인류 조상에 대한 지지설이 붕괴된 마지막 파장은 1979년에 일어났습니다. 당시 예일대학교의 데이비드 필빔 역시 시왈리크 언덕에서 두개골을 발굴했는데, 이 두개골은 인간과 유사한 형태라기보다는 확연히 오랑우탄과 비슷한 특성을 지닌 원숭이 종에 가까운 두개골로 판명이 났습니다. 그 결과 필빔은 수십 년간 인류의 조상이라고 인정했던 라마피테쿠스가 인류의 조상이 아니라고 주장함으로써 자신의 학설을 뒤집어버렸습니다. 이로 인해 지금까지 시왈리크 언덕에서 발견된 라마피테쿠스의 두개골은 인류 조상으로의 특성을 보여주는 단단한 화석 증거라기보다는 '라마피테쿠스가 인류 조상의 특성을 가지고 있기를 바라는 마음에서 재구성'된 것임이 드러났습니다. 라마피테쿠스는 인류의 조상과 연관된 유인원이 아니라 결국 오랑우탄과 연관된 계통의 또 다른 원숭이일 뿐이었습니다.

오늘날 우리가 아는 바와 같이 인류의 직계 조상으로 여겨지는 유인원은 그보다 훨씬 뒤인 약 300만 년 전에 출현하였습니다. 이 생명체는 그 당시 전 세계에 몰아친 한 차례 기후 대변동이 휩쓸고 지나간 후 나타났습니다. 비로소 나무 거주 원숭이들은 숲에서 나와 바깥세상으로 나오게 되었습니다. 이는 진실로 생사가 달린 문제였는데, 변하는 환경에 적응하여 살아남은 종은 승리자가 되었습니다. 이들 평지 거주자들의 계승자들 중 한 종은 궁극적으로 우리 인류의 조상이 되었습니다.

2

최초의
인간을
찾아서

 숲에서 나와 두 발로 걷는 원숭이

북아프리카의 무성한 열대우림에 살던 초기 원숭이들은 이미 다른 포유동물에서는 발견되지 않는 특징들을 가지고 있었습니다. 그들은 훌륭한 3차원적 시력과 나무 거주 생활에 필수적인 잘 발달된 근육을 가지고 있었습니다. 이러한 특성들로 인해 그들은 대부분의 시간을 나무 위로 뛰어오르거나 매달리면서 편한 삶을 영위했습니다. 그들의 먹을거리는 주로 열매나 견과류였으며, 때때로 열대우림 서식지에서 잡을 수 있는 작은 동물들이었습니다. 나무 위에서의 생활로 인해 그들은 방목동물류나 육식동물류와 같이 땅 위에 거주하는 동물들과 경쟁할 기회가 거의 없었습니다.

하지만 500~600만 년 전쯤 대재앙에 가까운 갑작스런 기온 하강의 환경 변화가 일어났습니다. 이로 인해 초기 원숭이들의 거주지인 열대우림이 빠르게 사라지게 되어 열대우림에 거주하는 많은 생명체의 평화로운 삶이 파괴되었습니다. 궁극적으로 나무 거주 원숭이들의 운명을 결정한 것이 바로 이러한 환경적 도전이었습니다. 그들 중 몇몇이 숲에서 나와 땅 위에서의 삶에 적응하며 두 발로 걷게 되자 마침내 그들은 인류화의 길로 접어들게 된 것입니다.

대규모 열대우림을 사라지게 했던 심각한 기온 하강에 대한 증거는 지구의 심해 중심부를 연구하거나, 화분 화석에 의한 지구의 퇴적물을 조사하거나, 다른 지리학적 기록을 연구함으로써 밝혀지게 되었습니다. 어떤 학자는 약 11도 정도쯤이라고 믿는 기온의 급격한 변동이 극지방에 빙하를 빠르게 형성했을 거라고 말합니다. 이로 인해 극지방 주변의 물을 가두어 빙하가 됨으로써 전 세계 해수면이 50미터에서 60미터 가량 낮아졌습니다. 그와 동시에 기후는 몹시 건조해져서 강우량에 심각한 영향을 끼쳤고, 아프리카 열대우림을 비롯한 많은 곳이 초원으로 변해버렸습니다. 숲이 없어짐에 따라 초기 원숭이들의 거주 지역이 놀랄 정도로 줄어들었고, 그들의 생존에 커다란 위협이 되었습니다.

결국 초기 원숭이들은 주거 공간 및 식량을 구하기 위해 다른 동물들과 경쟁을 하게 되었습니다. 이 시기에 열대우림에 계속 남아 있는 그룹과, 안락한 나무 위에서의 은신처를 떠나서 개방된 초원 지역으로 새로운 삶을 찾아 나서는 그룹으로 나뉘게 됩니다. 아마도 이 방랑 집단 중에서 곧추선 자세로 인해 초원 지역의 새로운 삶에 더 잘 적응하게 된 그룹이 궁극적으로는 인간의 대표적 특징인 직립보행(두 발로 걷기)의 길로 들어서게 되었을 것입니다. 또한 납작한 얼굴, 정교한 이, 큰 뇌용적과 같은 인간의 특징들이 나타났는데, 이는 초기 원숭이들이 이전 숲속에서의 삶과 반대되는 초원에서의 삶에 적응하는 시기에 나타났을 가능성이 큽니다. 그들은 똑바로 서서 걷는 법을 배우려고 했고, 손에 잡히는 것은 무엇이든지 먹어야만 했으며, 서로 음식을 나누려는 인간적인 가치를 배웠습니다.

하지만 이러한 특징들은 단지 우리가 지적으로 추측한 상황일 뿐입니다. 화석의 기록에 의하면, 대략 3,000만 년 전 에집토피테쿠스에서 (라마피테쿠스와 몇몇 다른 원숭이를 제외하면) 400만 년 전 초기 유인원의 출현을 이끈 진화 단계에 빛이 비추기까지 거의 2,600만 년이라는 엄청난 간격이 있습니다.

320만 년 된 루시의 발견

인류의 초기 조상 중의 하나로 여겨지는 화석은 1974년 에티오피아의 하다르 지역과 탄자니아의 라에톨리 지역에서 발견되었습니다. 그 화석들 중 가장 주목할 만한 것이 약간 불완전한 상태로 발견되긴 했지만, 320만 년 된 성인 여성 '루시*Lucy'의 뼈들입니다.

루시의 발견은 거의 우연이었습니다. 1974년, 화석인류학자 도널드 조핸슨과 그의 팀은 에티오피아 아파르 지역의 하다르에서 인류의 조상 화석을 찾고 있었습니다. 그

---

* '루시'라는 이름은 루시가 발견되던 순간 화석인류학자들의 캠프에서 비틀즈의 노래 'Lucy in the sky with Diamonds'가 울려 퍼진 데서 유래했다고 한다. 그녀의 해부학적 구조는 큰 뇌를 발달시키기 전에 이미 걷기 시작했음을 입증하고 있다.

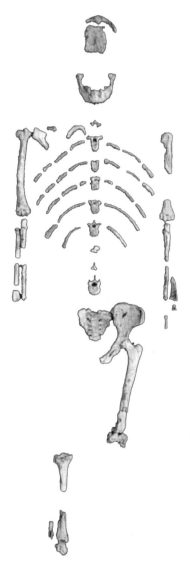

오스트랄로피테쿠스 아파렌시스의 가장 유명한 표본인 루시의 화석.

들이 발견한 대부분의 뼈는 동물의 것이었고 원숭이나 인류 조상의 화석은 없었기에 거의 포기할 참이었습니다.

그러던 어느 날 캠프로 돌아가려는 중에 조핸슨은 팔의 일부분으로 보이는 긴 뼈 조각 하나를 발견하였습니다. 그리고 나서 연속적으로 두개골의 일부분이 발견되더니 대퇴부뼈 일부분, 등골뼈 조각과 몇몇 갈비뼈, 골반뼈의 일부분, 양턱뼈의 부분들이 발견되어 이 지역은 갑자기 화석의 보물창고로 급부상하였습니다. 그 뒤 며칠 동안 몇 백 개의 뼈 조각들이 재발견되었습니다. 마침내 이 뼈들을 공들여 맞춘 결과 한 성인 여성의 뼈로 판명되었습니다.

화석 유해로부터 볼 때 루시는 다소 작았는데, 키는 1미터보다는 약간 크고, 몸무게는 30킬로그램 정도이며, 두 발로 걸을 수 있었습니다. 과학자들은 이 인류의 조상을 '오스트랄로피테쿠스 아파렌시스*' 라고 불렀습니다.

---

* '오스트랄로피테쿠스' 는 문자상 '남쪽 원숭이' 라는 뜻이고, '아파렌시스' 는 이 화석이 발견된 '아파르 지역' 에서 유래한 말이다.

오스트랄로피테쿠스 아파렌시스의 발자국

인류의 기원을 조사하려는 과학자들에게 루시는 주목할 만한 발견이었습니다. 그녀는 1970년대까지 알려진 현생 인류의 조상 중에서 가장 완전하고 오래된 화석으로 알려졌습니다. 게다가 골반뼈 부분과 대퇴부뼈의 발견으로 인해 루시가 직립보행을 했음은 의심의 여지가 없었습니다. 루시의 대퇴부뼈의 각도는 몸체 아래에 있는 다리와 연결되어 다른 원숭이들이 걷듯 옆쪽으로 건들건들 걷는 형태가 아닌 두 발로 걷는 것을 가능하게 하였습니다. 또 다른 주목할 만한 특징으로는 다른 발가락들과 함께 루시의 엄지발가락이 일직선의 형태를 보인다는 것인데, 이는 인간 발의 특징이기도 합니다.

루시를 포함한 오스트랄로피테쿠스 아파렌시스 종에서 확인된 사실은 그들이 정말로 두 발로 걸었다는 것입니다. 이는 1978년 탄자니아 라에톨리 지역에서 비슷한 생명체의 발자국 화석이 발견되면서 또 한 번 입증되었습니다. 라에톨리 지역의 가장 중요한 발견은 몇몇 발자국 궤적들인데, 이는 화석인류학자 앤드류 힐Andrew Hill이 영국 화석인류학자 루이스 리키Louis S. B. Leakey의 부인인 메리

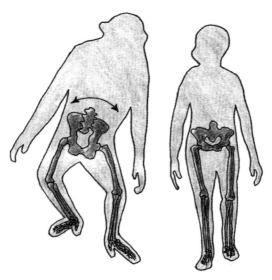

인간의 넓적다리뼈(오른쪽)는 직립보행을 위해 설계되었다면, 원숭이의 넓적다리뼈 (왼쪽)는 두 발로 걷는 동안 옆으로 흔들리는 모습을 보여준다.

리키Mary Leakey와 일하면서 발견한 것입니다.

이 발자국은 한 쌍의 유인원이 양옆으로 같이 걸어가는 발자국으로 보이는데, 그 길이가 총 48미터에 이릅니다. 발자국은 360만 년 전 화산재 위에 찍힌 것으로 후에 단단히 굳어져 더 많은 화산재 아래 묻혀서 생성되었습니다. 거의 현생 인류의 발자국과 흡사한 모양으로, 발의 모양이 확실히 아치형이며 앞쪽으로 발가락들이 향해 있어 원숭이의 발자국과는 상당히 다릅니다.

360만 년 된 발자국. 양각의 아치형에 원형의 발뒤꿈치를 보여주고 있으며, 앞쪽에 집약된 큰 발가락은 직립보행을 했다는 분명한 증거를 보여주고 있다.

후에 에티오피아나 또 다른 지역에서 발견된 비슷한 화석을 통해 이 새로운 종에 대해서 대략적이나마 알 수 있게 되었습니다. 화석을 연구한 결과 루시와 같은 오스트랄로피테쿠스 아파렌시스의 여성은 남성에 비해 그 크기가 상당히 작다는 것이 밝혀졌는데, 이는 현생 아프리카원숭이에게서 볼 수 있는 특징과 매우 유사합니다. 남성의 몸집은 여성보다 거의 2배나 큽니다. 이 종은 상대적으로 작은 머리와 큰 이빨을 가지고 있었습니다. 오스트랄로피테쿠스 아파렌시스 남성의 뇌용적은 겨우 400밀리리터밖에 안 되는 데 비해 현생 인간류 평균 뇌용적은 1,350

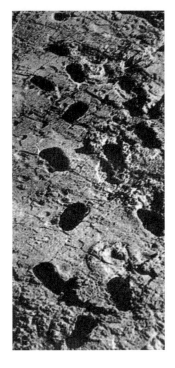

탄자니아의 라에톨리에서 발견된
오스트랄로피테쿠스 아파렌시스의 발자국.

밀리리터나 됩니다. 이 뇌용적으로 보건대, 루시와 아파
렌시스 종의 뇌는 너무 작아 똑똑하게 발음하는 언어적인
능력을 갖추지는 못했습니다. 그들은 현생 인류와 같은
언어를 만들어 사용할 수 없었습니다.

루시의 어깨, 몸통, 팔을 자세히 분석해보면, 루시 및
그녀의 종족이 비록 두 발로 걸을 수 있었다고 하더라도
현생 인류처럼 뛸 수는 없는 구조였습니다. 하지만 나무

아프리카 라에톨리에서 화석 발자국을 조사하고 있는 메리 리키의 모습.

를 오르는 데는 적합한 구조였습니다. 그러므로 오스트랄
로피테쿠스 아파렌시스가 많은 부분에서 인간다운 특성
을 지니고 있다 하더라도 보이는 모습과 신체적인 형태에
서는 좀 더 원숭이 같았고, 단지 평균 원숭이보다 약간 더
지능이 높은 유인원이었습니다.

　루시의 발견 이후 1년 후인 1975년에 초기 인류 화석에
대한 주목할 만한 발견물이 에티오피아 하다르에서 다시
출토되었습니다. 이 지역에서 13구의 모든 연령대의 남성
과 여성, 성인 및 아이들의 뼈 조각들이 나왔습니다. 화석
유해들은 개체들이 서로 뒤섞여서 발견되었는데, 같은 가

족에 속한 뼈들로 추정됩니다. 그리고 이들은 '최초의 가족First Family'으로 알려지게 되었습니다. 이 가족 이외에 얼마나 많은 개체들이 함께 묻혔는지는 현재 어림짐작으로만 알 수 있을 뿐입니다. 아마도 이들은 갑작스런 홍수와 같은 자연적인 대재앙으로 인해 함께 갇히게 된 것으로 보입니다. 이것은 초기 인류 조상이 함께 모여 살았을 것

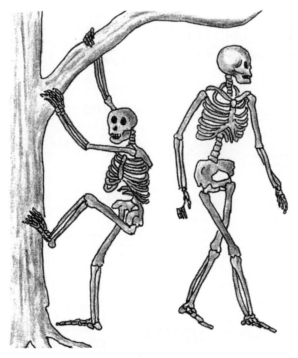

오스트랄로피테쿠스 아파렌시스(왼쪽)는 인간(오른쪽)처럼 두 발로 걸을 수 있었지만, 그것은 나무에 오르기에 좀 더 적합한 것이었다.

으로 추정할 수 있는 가장 초기의 증거였습니다.

아파렌시스, 드디어 얼굴을 드러내다

루시가 주목할 만한 발견이었다 하더라도 그녀는 얼굴이 없는 존재였습니다. 하다르에서 발견된 아파렌시스의 화석에서는 인류의 조상을 구분 짓는 최대의 차이를 보여줄 완벽한 형태의 두개골은 나오지 않았기 때문입니다.

아파렌시스 종 최초의 가장 완벽한 두개골은 1992년 하다르에서 도널드 조핸슨 팀에 의해 발굴되었습니다. 그들은 처음에 두개골 조각과 다른 뼈들이 발견되었을 때 이 뼈들이 루시의 뼈보다 훨씬 컸기 때문에 다른 종에 속하는 것이라고 생각했습니다.

하지만 세밀한 조사에 의해 이 뼈들은 최초의 가족과 마찬가지로 루시와 같은 종으로 판명되었습니다. 단지 차이가 있다면 루시보다 조금 더 클 뿐이었습니다. 두개골은 의심할 여지없이 남성 아파렌시스의 것이었습니다. 같은 종에서 그러한 남녀 사이의 크기 차이는 유인원류에게 있어 아주 흔한 특징이기 때문입니다. 두개골과 뼈의 크기

미국의 아티스트 존 구르체(John Gurche)가 제작한
오스트랄로피테쿠스 아파렌시스의 모습.

로 볼 때 튼튼한 근육을 가진 남성 아파렌시스는 똑바로
섰을 때 키가 약 1.5미터인데, 이는 여성 아파렌시스보다
30센티미터 정도 더 크고 몸무게는 3분의 2 정도 더 무겁
습니다.

지금까지 화석 자료로부터 확실히 말할 수 있는 것은 루
시와 그녀의 종족이 300만 년 전에 하다르의 관목과 올리
브 나무들이 흩어져 자라는 풍경 속에서 잘 적응하며 살
았다는 것입니다. 여전히 루시와 그녀의 종족은 다양한

거주지에서 살아남아야만 했습니다. 그들은 아마도 육식 동물이 남긴 죽은 고기를 뒤져서 먹거나 과일, 견과류, 뿌리, 덩이줄기 또는 작은 먹이들을 잡아먹었을 것입니다.

그들은 간단한 석기 도구를 사용할 줄 알았을 것입니다. 처음에 남성 아파렌시스가 아프리카 사반나 초원에서 초기 석기 도구들을 가지고 치타와 같은 야생 포식동물이나 하이에나와 같이 죽은 동물을 먹는 청소류 동물 또는 독수리 등과 대적하여 싸우기에는 도구들이 너무 원시적이었습니다. 하지만 루시와 그녀의 종족은 원시 도구를 이용하여 포식동물이나 하이에나와 같은 동물들이 먹다가 남긴 사체의 뼈를 부셔서 그 안에 있는 골수를 취할 수 있었습니다. 죽은 사슴의 뼈 속에서 성인 2명이 충분히 먹을 수 있는 풍부한 영양의 골수를 취할 수 있었습니다.

또한 오스트랄로피테쿠스 아파렌시스는 치타와 같은 포식동물의 먹이 습성을 활용하는 지능을 가지고 있었을 것으로 추측해볼 수 있습니다. 보통 치타는 하이에나와 같은 동물들이 접근하지 못하도록 사냥한 먹잇감을 높은 나무 위에 감추어두고 먹는 습성이 있는데, 때때로 아파렌시스는 호화로운 만찬을 즐기기 위해 포식동물이 사냥한 먹잇감을 나무로부터 훔쳐낼 정도로 머리를 쓸 줄 알았습니다. 하지만 좀 더 지능이 뛰어난 능력의 뇌는 '두 손'을 자유롭게 사용하여 도구 제작과 같은 복잡한 일을 수행하면서 발달했습니다. 오늘날 우리는 약 10만 년 전쯤 뇌용적이 증가한 후에 궁극적으로 현생 인류가 등장했다고 믿고 있습니다.

인류를 향한 첫발걸음

두 발로 걸을 수 있었기 때문에 오스트랄로피테쿠스 아파렌시스는 문자 그대로 인류에로의 '첫발걸음'을 내딛었습니다.

두 발로 서거나 걸을 수 있는 능력은 평야에서의 삶에 많은 이익을 가져다주었습니다. 예를 들면, 직립보행을 함으로써 그들은 주변을 더 잘 볼 수 있었고, 포식동물로부터의 위험에 대하여 미리 경고를 할 수도 있었습니다. 그리고 음식을 더 쉽게 발견할 수도 있었습니다. 게다가 이제 자유로워진 '두 손'으로 인해 음식을 수집하고, 수집한 음식을 함께 나눠 먹을 가족이 있는 곳으로 옮길 수도 있었습니다. 또한 '도구'나 '무기'도 사용할 수 있게 되어 엄청난 이익을 얻을 수도 있었습니다.

최근에 몇몇 인류학자들에 의하면, 곧추선 자세는 네다리로 걷는 자세보다 태양에 몸이 덜 노출되어 열대 초원 지역의 작열하는 태양열을 피하는 데 있어서도 도움이 된다고 합니다. 그래서 약 400만 년 전에 초기 인류의 조상들은 엄청난 자연 환경의 변혁으로 인하여 숲속 나무 위에서의 생활에서 벗어나 어쩔 수 없이 땅 위에서의 전혀 다른 삶을 시작하게 되었습니다.

오스트랄로피테쿠스 종은 두 발로 걸을 수 있는 능력으로 인하여 다른 종을 뛰어넘는 대단한 진보를 이루었고, 살아남은 그들의 후계자들은 좀 더 기술을 발전시켰으며, 인류화를 향한 행진을 계속해 나갔습니다. 오스트랄로피테쿠스 종은 약 290만 년 화석 기록으로부터 사라지기 전까지 약 100만 년 동안 생존하였습니다.

1994년까지 루시와 그녀의 종족은 두 발로 걸을 수 있는 가장 오래된 인류의 조상으로 여겨져 왔습니다. 하지만 이후 계속해서 새로운 화석들이 발견되자 이 이론을 뒤집어버렸습니다. 1995년 리처드 리키Richard Leakey(루이스 리키의 아들)의 부인인 미브 리키Meave Leakey가 이끄는 팀은 케냐의 투르카나 호수 근처 카나포이에서 410만 년 전의 턱뼈 조각과 다리뼈를 발견했는데, 이빨의 형태가 원숭이보다는 인간에 가까운 모습이었습니다. 다리뼈의 형태도 확실히 두 발로 걷는 모습을 보여주었습니다. 이 새롭고 오래된 종은 오스트랄로피테쿠스 아나멘시스Australopithecus anamensis라고 불렸습니다. 또한 1994년 캘리포니아대학교 인류학자 팀 화이트Tim White가 이끄는 국제연구팀은 에티오피아의 아라미스 지역에서 440만 년 된 화석을 발견하였습니다. 이 종은 아나멘시스보다 훨씬 오래된 것으로 아르디피테쿠스 라미두스*Ardipithecus ramidus(일명 '아르디Ardi') 라고 불렸습니다.

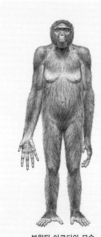

복원된 아르디의 모습.

* 아르디는 아파르어로 '땅'을 의미하고, 라미두스는 '뿌리'를 의미한다. 아르디피테쿠스는 1994년 발견 이후 15년에 걸친 연구 결과 지금까지 알려진 가장 오래된 인류의 조상으로 판명되었다. 발견된 화석 뼈로 키 120cm, 몸무게 54kg의 성인 여성 아르디를 완벽하게 복원하였는데, 이 연구는 미국 과학전문지 〈사이언스〉에서 2009년 '10대 과학적 성과' 중 1위로 선정되었다. 아르디의 발견으로 인해 인류 초기 진화에 대한 개념이 바뀌었으며, 인류와 유인원을 잇는 '잃어버린 고리'에 대한 의문을 던지기도 했다. 인류가 침팬지에서 갈라진 600만 년 전부터 루시가 살았던 320만 년 전 사이에 어떻게 진화했는지를 짐작하게 해주는 성과다.

루시와 그녀의 종족이 두 발로 걸었다고 해도 그들은 인간이 되기에는 아직 한참 먼 존재였습니다. 그들은 원숭이와 현생 인류 사이의 중간에 있었습니다. 예를 들면, 루시의 팔은 현생 인류보다 훨씬 길지만, 원숭이의 팔 길이만큼은 아니었습니다.

오스트랄로피테쿠스 아프리카누스

200만 년 전 진짜 인류의 종족이 그 모습을 드러내기까지 서로 다른 오스트랄로피테쿠스 3종이 나타났고, 각각의 화석 유적이 발견되었습니다. 그것은 오스트랄로피테쿠스 아프리카누스, 오스트랄로피테쿠스 로부스투스, 오스트랄로피테쿠스 보이세이였습니다(이 책 18쪽 계통수 참조). 그중 가장 먼저 발견된 화석은 아프리카누스였습니다.

루시가 발견되기 수십 년 전인 1924년에 주목할 만한 화석이 발견되었는데, 유인원의 두개골 일부가 남아프리카 타웅 지역의 화강암 채석장에서 발굴되었습니다. 발견자인 레이먼드 다트Raymond Dart는 당시 남아프리카공화국 월워터스랜드대학교의 해부학과 학장이었는데, 이 두개

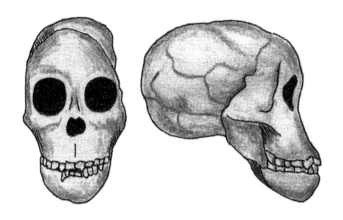

남아프리카 타웅 지역에서 발견된 '타웅 아이' 두개골.

골 화석만으로 인간과 비슷한 몇몇 특징들을 재빨리 파악해냈습니다. 1925년 2월, 그는 이 발견을 영국 과학 저널지 《네이처Nature》에 논문으로 발표했습니다. 이 논문에서 그는 두개골 아래쪽 중앙에 대후두공(두개골 밑에 척수가 지나가는 구멍)이 위치해 있음을 보여주었고, 이는 직립보행하는 동물의 특징이었기 때문에 이 생명체가 걸을 수 있는 초기 인류의 조상이라고 주장했습니다. 이 화석은 어린아이의 두개골로 '타웅 아이Taung Child'로서 더 잘 알려져 있는데, 오스트랄로피테쿠스 아프리카누스Australopithecus africanus 또는 '아프리카의 남쪽 원숭이'라고 불렸습니다.

1925년 이전에 인류의 조상에 대한 모든 화석 기록은 주로 네안데르탈인Neandertal과 호모 에렉투스Homo erectus(그 당시 피테칸트로푸스Pithecanthropus로 알려짐)가 발견된 유럽과 아시아에서 나왔습니다. 아프리카는 인류 기원과 관련하여 전문가들에게 거의 또는 전무할 정도로 그 중요도가 낮은 곳이었습니다. 따라서 다트가 발견한 타웅 아이에 대한 기록은 초기에 회의적인 반응을 불러왔습니다. 하지만 마침내 이 화석은 인류 조상의 정당한 구성원으로서 인정받게 되었습니다. 타웅 아이의 두개골은 발굴 연대로 볼 때 아프리카에서 발견된 초기 인류 조상의 최초 화석이었습니다.

타웅 아이 두개골은 아마도 100만 년보다 오래되지는 않았을 것입니다. 하지만 남아프리카의 다른 두 동굴에서 발견된 비슷한 화석에 의하면, 오스트랄로피테쿠스 아프리카누스는 약 300만 년부터 200만 년까지 이 일대를 지배했던 것으로 보입니다.

오스트랄로피테쿠스 아프리카누스가 조금 더 인간에 가까운 치아 구조 및 일부 두뇌 구조를 가지고 있다 하더라도 오스트랄로피테쿠스 아파렌시스와 비교했을 때는 단지 신체 크기와 형태에서 약간의 차이만 있을 뿐입니다. 예를 들면, 아프리카누스의 뇌용적이 아파렌시스보다

440밀리리터로 조금 더 컸지만 신체는 크지 않았습니다. 그리고 이 뇌용적은 여전히 말을 하기에는 작고 덜 발달된 형태였습니다. 아프리카누스의 뒤쪽 이빨들은 조금 컸고, 앞쪽 이빨들은 조금 작았습니다.

오스트랄로피테쿠스 로부스투스

오스트랄로피테쿠스의 3번째 종에 대한 화석은 우연히 발견되었습니다. 1938년 스코틀랜드 의사 겸 인류학자인 로버트 브룸Robert Broom이 남아프리카 요하네스버그 근처 스테르크폰테인 석회암 채석장에서 발굴된 화석 표본을 수집하고 있을 때, 그는 어금니 하나가 붙어 있는 위턱을 발견하였습니다. 나머지 부분은 언덕 위 숨겨진 장소에서 한 학생이 4개의 이빨과 2개의 이빨이 붙어 있는 아래턱을 가져왔습니다. 조각들을 합쳐 보니 이 두개골은 기존의 아프리카누스와는 눈에 띄게 달랐습니다. 새로운 얼굴은 좀 더 크고 평평했으며, 상대적으로 작은 앞니를 가지고 있었습니다. 하지만 마치磨齒(찢고 절단하는 치아)는 매우 컸고 두꺼웠으며, 아래턱에 무겁게 자리 잡고 있었습니다.

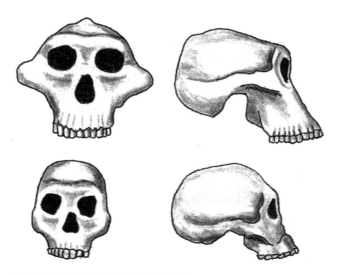

오스트랄로피테쿠스 아프리카누스(아래쪽)와 비교한 오스트랄로피테쿠스 로부스투스(위쪽)의 크고 평평한 두개골.

강인해 보이는 외모를 가진 이 새로운 종은 오스트랄로피 테쿠스 로부스투스Australopithecus robustus라고 불렸습니다.

로부스투스는 아프리카누스보다 훨씬 더 강하고, 일어 섰을 때 키가 약 1.2미터 정도였습니다. 이 종은 대개 견 과류, 껍질이 딱딱한 과일들, 섬유소가 많은 뿌리류, 그리 고 덩이줄기류 등 많이 씹어야 하는 조악하고 거친 음식 들을 먹고 살았습니다. 뇌용적은 약 530밀리리터로 아프 리카누스보다 훨씬 더 컸습니다.

스테르크폰테인 주위의 발굴에서는 로부스트 종 130여

구뿐 아니라 뼈로 만든 도구들도 함께 발견되었는데, 이 도구들은 석기가 도래하기 오래전부터 사용된 것입니다. 화석을 통한 기록에는 로부스트가 대략 200만 년 전에 나타났다가 약 150만 년 전에 사라진 것으로 보입니다.

오스트랄로피테쿠스 보이세이

남아프리카에서 로부스트 화석이 발견된 후 20년이 지나서 이와 비슷한 종이 동아프리카에서 다시 나타났습니다. 1959년 7월, 메리 리키는 탄자니아 북부 올두바이 조지 지역 근처를 발굴하던 중 2개의 거대한 이빨과 두개골 조각을 발견하였습니다. 곧이어 400여 개의 뼈 조각들이 발굴되었습니다. 이 조각들을 맞추자 어른 두개골이 나타났는데, 1938년 남아프리카 스테르크폰테인에서 발견된 것과 흡사하였습니다.

하지만 차이점이 발견되었습니다. 이 새로운 종은 지금까지 발견된 것보다 훨씬 더 큰 턱과 마치를 가지고 있었습니다. 루이스 리키는 이것이 새로운 속에 속하는 것으로 진잔트로푸스 보이세이Zinzanthropus boisei라고 불렀습니다. 하지만 오늘날 이것은 (루이스 리키의 초기 인류 발굴에 많은 재정적 후원을 한 찰스 보이스Charles Boise의 이름을 따서) 오스트랄로피테쿠스 보이세이Australopithecus boisei라고 부르고 있습니다.

오스트랄로피테쿠스 로부스투스와 비교해서 오스트랄로피테쿠스 보이세이는 좀 더 거대한 턱과 큰 마치를 가지고 있을 뿐 아니라 키도 훨씬 커서 일어섰을 때 대략 1.5미터 정도가 되었습니다. 하지만 뇌용적은 거의 같아서 대략 530밀리미터 정도였습니다.

오스트랄로피테쿠스 보이세이의 화석은 상대적으로 드물게 발견됩니다. 단지 180만 년으로 추정되는 두개골 한 개, 장딴지뼈 조각, 그리고 몇 개의 이빨들이 올두바이에서 발견되었습니다. 또 다른 두개골은 1969년 케냐의 투르카나 호수 근처에서 발견되었습니다.

이러한 발견으로 볼 때 남아프리카의 오스트랄로피테쿠스 로부스트와 동아프리카의 오스트랄로피테쿠스 보이세이는 지리학적인 변종일 뿐입니다. 그 원인은 두 개의 완전히 다른 지리학적 위치에서 생존함으로써 신체 구조의 차이가 생겼기 때문이라고 여겨집니다.

현재 점점 더 분명해지는 것은 약 200만 년 전쯤 인류

오스트랄로피테쿠스 종의 화석이 보고된 아프리카 유적 발굴지

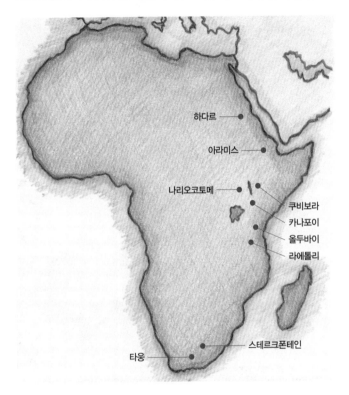

하다르 : 오스트랄로피테쿠스 아파렌시스(루시, 최초의 가족)
쿠비포라 : 오스트랄로피테쿠스 아파렌시스, 오스트랄로피테쿠스 보이세이
카나포이 : 오스트랄로피테쿠스 아나멘시스
올두바이 : 오스트랄로피테쿠스 보이세이
라에톨리 : 오스트랄로피테쿠스 아파렌시스
스테르크폰테인 : 오스트랄로피테쿠스 로부스투스
타웅 : 오스트랄로피테쿠스 아프리카누스(타웅 아이)
아라미스 : 아르디피테쿠스 라미두스

조상으로 3개의 다른 형태가 존재했었다는 것입니다. 이들은 주로 호숫가나 강둑에 살면서 땅 위에 거주했던 오스트랄로피테쿠스 아프리카누스, 오스트랄로피테쿠스 로부스투스, 그리고 오스트랄로피테쿠스 보이세이입니다. 몇몇 인류학자들은 제 위치에서 벗어난 라마피테쿠스 개체군 또한 이들 주위에 무리지어 살았을 것으로 생각합니다. 이들 3종은 뇌용적의 증가와 다른 신체적 변화들이 좀 더 인간다운 방향으로 진화되었다고 보여지는데, 이들 중에서 오스트랄로피테쿠스 아프리카누스가 궁극적으로는 큰 뇌를 지닌 생명체로 진화했습니다. 이 진화된 생명체는 호모 하빌리스Homo habilis이고, 현생 인류의 조상 중 가장 인간다운 첫 번째 생명체입니다.

가장 오래된 호모 화석의 발견은 1996년에 보고되었습니다. 1994년에 에티오피아의 하다르 지역 마른 강바닥에서 발굴된 230만 년 된 이 화석 턱은 미국 캘리포니아 버클리대학교 인류기원연구소의 윌리엄 킴벌William Kimbel 팀에 의해 발굴된 후 면밀한 조사 끝에 1996년 인류학계에 새로운 종으로 보고되었습니다.

3

최초의
도구 생산자를
찾아서

 ## 호모 하빌리스의 등장

탄자니아의 올두바이 조지는 동아프리카 화산 고지대와
세렝게티 평원 사이를 따라 도는 깊은 계곡입니다. 이곳
호수 근처에서 자라는 산세베리아는 꽃으로서보다는 의
학적 자산으로 더 가치가 있는 다육성 식물입니다. 산세
베리아는 그 지역에서 올두바이로 불리고, 계곡의 이름도
이 식물의 이름에서 유래되었습니다. 오늘날 올두바이의
풍경은 100만 년 전 초기 인류가 보았던 것과 매우 흡사
합니다. 한 가지 차이점이 있다면 현재 협곡의 중심 부분
이 예전에는 호수로 이루어졌다는 점입니다. 이곳에서 진

올두바이 조지의 세렝게티 평원.

흙과 화산재로 덮인 층이 노출되면서 호모 하빌리스의 화석이 발견되었습니다.

호모 하빌리스 화석의 첫 유해들은 영국의 인류학자인 루이스 리키가 이끄는 팀에 의해서 발견되었습니다. 1959년 보이세이가 처음 발견되고 난 후 얼마 지나지 않은 대략 1963년쯤이었습니다. 하지만 당시 그들은 이 생명체에 대한 어떠한 실마리도 제대로 알아내지 못했습니다. 1964년 4월이 되어서야 이 생명체가 180만 년 전의 원숭이보다는 좀 더 인간에 가까운 새로운 속에 속하는 종이라고 발표하였습니다. 레이먼드 다트의 의견에 따라 그것은 호모

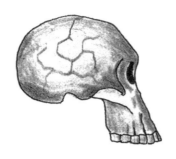

호모 하빌리스 두개골은 오스트랄로피테쿠스 종보다 큰 뇌용적을 가지고 있다.

하빌리스 또는 '도구를 만드는 사람'으로 불렸습니다. 이 이름은 참으로 적절했습니다. 왜냐하면 이 지역에서 다량의 원시 석기가 함께 발굴되었기 때문입니다. 이 석기들로 보건대, 호모 하빌리스는 정말로 도구를 만들어 사용한 최초의 종이었음을 보여줍니다.

하빌리스는 말을 할 수 있었을까?

하빌리스 화석이 처음 발견된 곳은 탄자니아의 올두바이였지만, 가장 좋은 표본이 발견된 곳은 케냐의 투르카나 호수 근처 쿠비포라였습니다. 그곳에서 1972년 리처드 리키 팀은 현재까지 발굴된 것 중 가장 완벽한 호모 하빌리스의 두개골(이 화석은 호모 하빌리스 '1470호'로 알려져 있다)과 수천 개의 다른 동물의 화석 및 석기 도구들을 발굴하였습니다.

쿠비포라에서 발견된 하빌리스의 두개골은 슬쩍 보더라도 원숭이보다는 인간에 가까운 것이라고 확신하기에 충분한 모습이었습니다. 호모 하빌리스의 얼굴은 그 어떤 오스트랄로피테쿠스 종보다 더 평평했고, 뇌용적은 680밀리리터 정도로 아직 평균 인간 뇌의 반밖에 안 되는 크기이긴 했지만 상당히 커졌습니다. 따라서 호모 하빌리스는 초기 유인원을 닮은 그 어떤 인류 조상보다도 훨씬 지적인 생명체였을 것입니다. 게다가 더 중요한 점은 하빌리스의 뇌가 단순히 커진 것뿐 아니라 다른 어떤 오스트랄로피테쿠스 종보다 복잡했다는 것입니다.

두뇌 전문가들은 호모 하빌리스의 두개골 모양과 안쪽 표피 모양을 연구하여 하빌리스 뇌의 특정 부위가 현생 인류의 언어중추신경인 브로카 영역과 유사하다는 점을 밝혀냈습니다. 이것으로 보건대 호모 하빌리스 뇌가 인간 뇌의 반 정도 크기일지라도 몇몇 단순한 '단어' 정도는 웅얼거릴 정도로 발달된 상태였을 것으로 추정합니다.

최초의 인류 조상으로 가는 데 있어서 말을 하는 능력이 중요시되는데, 이는 뇌의 크기만으로 결정되는 것은 아니었습니다. 인위적으로 말을 만들어내는 적절한 음성기관이 필요합니다. 하지만 호모 하빌리스는 음성기관을 가지고 있지 않았습니다. 그들의 후두는 목 위쪽에 위치해 있어 인두(구강과 식도 사이의 기관)의 작은 부분만 차지할 뿐이었습니다(6장 참조). 이와 반대로 인간의 후두는 목 아래쪽에 위치해 있어 인두의 넓은 부분을 이용할 수 있기 때문에 훨씬 넓은 영역대의 소리를 내는 것이 가능합니다.

인류화로 가는 길은 매우 험난했지만 호모 하빌리스는 인류 진화의 과정에서 비약적인 발전을 이루었습니다. 이전의 오스트랄로피테쿠스 로부스투스와 오스트랄로피테쿠스 보이세이는 원숭이와 비슷한 지극히 원시적인 삶을 살았습니다. 그들은 또렷하게 말을 하지도 못했으며, 매우 조악한 도구와 무기로 인해 제대로 사냥을 할 수도 없어 육식생활은 어려웠습니다. 반면 호모 하빌리스는 좀 더 발달된 지능을 가지고 있었는데, 이는 언어 능력이 시작했음을 보여줄 뿐 아니라 석기 도구를 사용할 수 있었음을 보여줍니다.

석기 도구를 사용하여 육식생활을 하다

호모 하빌리스가 사는 지역에서 발견된 석기 도구들을 보면 한 가지 분명한 사실을 알 수 있습니다. 호모 하빌리스는 도구를 만들기 위해 10~15킬로미터 바깥에 있는 곳으로부터 적당한 종류의 돌들을 가져와 여러 가지 형태의 석기 도구를 만들 수 있을 정도로 지능이 발달했습니다. 손으로 돌을 깨서 다듬어 만든 도구의 모양으로 보건대, 도구 제작자로 불린 하빌리스는 오른손잡이였으며 육식생활을 했던 초기 인류 조상으로 여겨집니다.

화석이 발굴된 지역에서는 단체 활동과 몇몇 사회조직도 있었다는 인상을 받게 됩니다. 어떤 과학자들은 심지어 호모 하빌리스가 인간만이 행하는 의례와 의식을 처음으로 행했을 것으로 추측하기도 합니다.

하빌리스 거주 지역에서 발견된 석기 도구들을 보면 도구들이 상당히 유용했을 것으로 여겨집니다. 큰 돌로부터 얇게 떨어져 나간 작고 뾰족한 모서리를 이용함으로써 그들은 죽은 동물의 뼈에서 살을 발라냈습니다. 과학자들은 이와 비슷한 원시적인 석기 도구를 사용하여 실제로 죽은 코끼리의 가죽을 벗겨냈으며, 심지어 큰 덩어리의 고기를

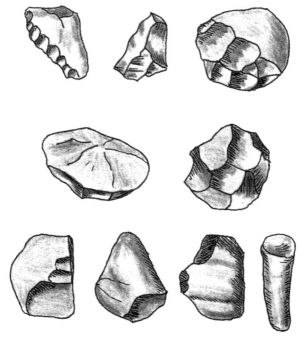

호모 하빌리스가 사용한 석기 도구들.

잘라내는 실험도 성공했습니다. 실제로 그러한 석기들이
고기를 자르는 데 사용된 증거는 하빌리스 거주 지역에서
발굴된 동물 뼈 화석에서 보이는 정교한 잘림의 흔적으로
알 수 있습니다.

　거주 지역에서 함께 발견된 수많은 동물 뼈들로 인해 호
모 하빌리스가 사냥뿐 아니라 석기 도구를 사용해 성공적
으로 고기를 자를 수 있었음을 보여주는데, 이는 육식생

활을 했다는 증거이기도 합니다. 호모 하빌리스가 어떤 방법으로 사냥을 했는지를 알려주는 직접적인 증거는 없지만, 아마도 곤봉 같은 것으로 때리거나 창 같은 것으로 찌름으로써 희생물을 죽음에 이르게 했을 것입니다.

발견된 유물의 형태로 보아 초기 인류 조상들은 사냥감을 도륙한 장소로부터 도구를 사용해서 죽은 동물을 집으로 가져온 것으로 보입니다. 다만 음식으로 쓸 큰 동물을 사냥하기에는 그들의 도구가 너무 원시적이라 실상 사냥이 쉽지는 않았을 것입니다.

호모 하빌리스의 일상생활

올두바이와 쿠비포라에서 발견된 화석에 근거하여 우리는 호모 하빌리스의 삶에 대한 시나리오를 쓸 수 있었습니다. 하빌리스가 살았던 올두바이에서의 일상적인 모습은 인류 진화에 있어 결정적인 단계를 보여줍니다.

이들 초기 인류의 조상들은 185만 년 전에는 영양, 돼지, 새, 호랑이와 코끼리 등의 동물들과 함께 살기 좋은 기후에서 생활하고 있었습니다. 오늘날 몹시 건조한 평원인 이곳은 당시에는 훨씬 시원하고 메마르지 않은 지역이었습니다. 모든 영장류와 마찬가지로 호모 하빌리스는 주로 날카로운 뼈나 석기 도구를 사용하여 과일과 열매, 그리고 뿌리와 덩이줄기와 같은 식물류를 파서 먹으며 근근이 살았습니다. 게다가 육식동물이 먹다 남긴 사체의 날고기도 먹었을 것으로 보입니다.

비록 호모 하빌리스가 초기 유인원들보다 좀 더 용감하게 사냥을 했을지라도 그들은 육식동물로부터 도망쳐서 안전한 나무 위에 집을 지었던 것으로 보입니다. 발굴된 그들의 골격으로부터 이러한 사실을 알 수 있는데, 호모 하빌리스는 나무에 오르기에 적합한 긴 팔을 가지고 있었습니다.

호모 하빌리스에 대한 화석의 연구는 다음과 같은 흥미로운 사실들을 보여줍니다. 이빨의 성장 모양으로 볼 때 올두바이에서의 일상적인 삶은 인간의 삶보다는 원숭이의 삶에 좀 더 가까웠다는 것입니다. 또한 하빌리스의 아이들은 현생 인류의 아이들보다 거의 두 배 이상 빠르게 성장했음을 보여줍니다. 이것은 초기 인류의 조상들이 12세쯤에 성인이 되고, 10대에 부모가 되며, 거의 30대 즈음에는 노인이 되었음을 의미합니다.

하등한 원숭이에서 고등한 인간으로

올두바이와 쿠비포라에서 발견된 화석에서 또 다른 흥미로운 점이 발견되었습니다. 같은 장소에서 호모 하빌리스의 화석과 오스트랄로피테쿠스 보이세이의 화석이 발견된 것입니다. 두 화석들의 연대가 거의 같은 것으로 보아 오스트랄로피테쿠스 보이세이와 호모 하빌리스는 같은 시대, 같은 영역에서 살았음이 명백합니다. 어떻게 이 두 종족이 서로 잘 살아갔으며, 거의 불가능해 보이는 음식쟁탈전에서 문제없이 같이 생존해 나갈 수 있었는지에 대해서는 알려진 바가 없습니다. 추측해 보건대, 좀 더 발달된 지능과 석기를 사용한 호모 하빌리스가 원시적 수준에 머물렀던 오스트랄로피테쿠스 보이세이보다 음식물을 획득하는 데 있어 좀 더 다양한 선택을 했던 것으로 보입니다. 당연히 좀 더 발전된 호모 하빌리스가 인류 진화로의 직접적인 길로 들어섰으며, 나머지 종들은 주류에서 벗어나 변방에 남아 있게 되었습니다.

호모 하빌리스의 등장은 인류 진화에 있어 아주 중요한 전환점이었습니다. 그것은 하등한 원숭이에서 고등한 인간으로 진화하는 과정에서 중요한 이정표였습니다. 이 시기에 도대체 무슨 일이 일어났던 것일까요? 아마도 급격한 환경의 변화가 있었던 것으로 보입니다. 이 급격한 환경의 변화가 자극이 되어 초기 유인원들은 숲에서 나와 땅 위에서의 생활에 적응하게 되었을 것입니다.

기상 데이터에 의하면, 당시 기후 변화는 환경의 변화를 초래한 것으로 보입니다. 기록에 의하면, 약 600만 년 전 지구의 빙하 시기 이후에 기온이 다시 상승했습니다. 하지만 약 250만 년 전에 기온이 다시 하강하면서 짧은 빙하 시대가 찾아왔습니다. 바로 이 시기가 초기 인류의 조상이 두 분류로 나누어지는 시점인데, 하나는 오스트랄로피테쿠스 로부스투가 주도하는 계통으로 정착했고, 다른 하나는 직접적인 현생 인류의 조상인 호모 하빌리스가 주도하는 계통으로 정착했습니다.

150만 년 전쯤 호모 하빌리스가 사라지고, 좀 더 발전된 새로운 인류의 조상이 등장하였습니다. 우리는 이들을 호모 에렉투스Homo erectus라고 불렀는데, 이는 '직립인간'이란 뜻입니다. 호모 에렉투스는 좀 더 큰 뇌를 가지고 처음으로 아프리카 대륙의 요람을 떠나 전 세계로 흩어진 진정한 방랑자였습니다.

루이스 리키(Louis Leakey, 1903~1972)

1903년 케냐에서 영국 선교사의 아들로 태어나 영어보다 케냐 키쿠유족의 말을 먼저 배웠다. 그는 영국 케임브리지대학교에서 공부를 마치고 곧바로 아프리카로 돌아와 고고학을 연구했다.

1959년 메리 리키와 함께 오스트랄로피테쿠스 보이세이(진잔트로푸스)를 발견했고, 1963년 올두바이에서 호모 하빌리스를 발견하여 오스트랄로피테쿠스와 같은 시대에 이미 인류가 살았다는 새로운 학설을 발표했다. 이는 인류의 기원이 종래의 정설보다 훨씬 오래된 것이었다.

1936년 자신보다 뛰어났던 메리 리키와 재혼하여 탄자니아 올두바이에서 30년을 화석 발굴 작업에 생애를 바쳤다. 최고의 고인류학자이자 고생물학자인 아들 리처드 리키와 며느리 미브 리키(1994년 오스트랄로피테쿠스 아나멘시스 발견), 그리고 손녀 루이즈 리키를 키워 '리키 가족'이라는 유명한 고인류학 가문을 일구었다. 또한 제인 구달, 다이앤 포시 등을 배출한 인류학의 선구자였다. 그 덕분에 황무지와 같았던 고인류학을 개척하여 세계적 학문으로 끌어올렸다.

메리 리키(Mary Leakey, 1913~1993)

1913년 런던에서 태어났다. 제대로 정규교육을 받지는 못했지만 그림 솜씨가 탁월했던 그녀는 영국의 신석기 유적 발굴에 참여해 고고학 유물들을 복제한 듯 그려내기도 했는데, 이때의 인연으로 1933년 탄자니아 인류 화석 발굴에 참여할 수 있었다. 이 일을 계기로 고인류학자로 이름을 날리던 루이스 리키를 만났다.

1959년 탄자니아 올두바이 계곡에서 최초로 발견된 오스트랄로피테쿠스 보이세이는 바로 그녀의 업적이었다. 또한 1978년 탄자니아의 라에톨리에서 370만 년 전 발자국을 처음 발견하기도 했다.

리처드 리키(Richard Leakey, 1944~현재)

1944년 케냐 나이로비에서 유명한 인류학자 루이스와 메리 사이에서 태어났다. 그는 어려서부터 발굴 작업에 바쁜 부모를 따라다니느라 정규교육을 받지 못했을뿐더러 화석 뼈만 만지는 일에 염증을 느껴 사냥을 하며 사파리 안내자가 되었다. 그 덕분에 그는 험한 오지에서 살아남는 법을 배웠다.

그러다가 운명 같은 일이 찾아왔다. 아버지 루이스 리키의 권유로 케냐 팀을 이끌게 된 그는 당시 23세의 젊은 나이로 팀장을 맡아 유감없이 능력을 발휘하였다.

첫 번째 행운은 1969년에 찾아왔다. 케냐인 대원들과 낙타를 타고 쿠비포라로 가는 길에 하얗고 둥근 뼈를 발견했는데, 그것은 200만 년 전 오스트랄로피테쿠스 보이세이의 머리뼈였다.

두 번째 행운은 1972년에 찾아왔다. 투르카나 호숫가에서 발견된 뼈 조각들을 모아 두개골을 만들었는데 호모 하빌리스로 밝혀졌다. 이 뼈들은 그동안 발견된 호모 하빌리스 뼈 중에서 가장 완벽한 형태를 갖춘 것이었다. 이 뼈들은 '1470호'로 이름 붙여졌다. '1470호' 때문에 아버지 루이스 리키가 1963년에 올두바이에서 발견한 175만 년 전 뼈는 호모 하빌리스로 인정받게 되었다.

세 번째 행운은 1984년에 찾아왔다. 케냐의 투르카나 호수 서쪽 나리오코토메 지역에서 호모 에렉투스의 가장 오래되고 완벽한 표본인 160만 년 된 '투르카나 소년'의 뼈들을 발견한 것이다.

4

최초의
방랑자를
찾아서

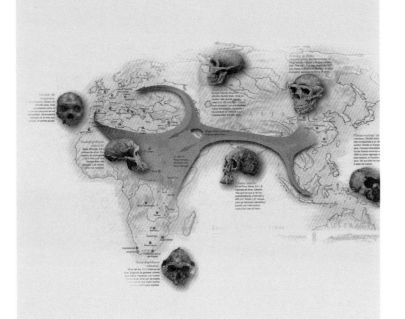

 자바 원인과 베이징 원인

1890년대쯤에 동아시아 자바 섬에서 특이한 화석이 발굴되었는데, 이는 인류 기원에서 아주 괄목할 만한 이정표였습니다. 이 화석은 네덜란드 해부학자 외젠 뒤부아 Eugene Dubois 의해 발견되었습니다. 그는 1880년대 후반 원숭이와 현생 인류 사이의 '잃어버린 고리'를 찾는 데 열정을 쏟고 있었습니다. 그때까지 단지 6구의 인류 화석이 발견되었지만, 어느 누구도 이것을 인류 조상의 '잃어버린 고리'라고는 생각하지 않았습니다.

당시 뒤부아는 다윈의 진화론을 강력하게 지지하던 독

일의 생물학자 에른스트 헤켈Ernst Haeckel(1834~1919)의 저서에 심취해 있었습니다. 헤켈은 인류와 원숭이가 아주 가깝다고 생각했고, 정말 인류가 원숭이로부터 진화했다면 그 둘 사이에 중간 존재가 있을 것이라고 생각했습니다. 심지어 그는 그 중간 존재에 대해 이름까지 붙여주었습니다. 그것을 피테칸트로푸스Pithecanthropus라고 불렀는데, 이는 '원숭이(Pithekos) 인간(ntropos)'이란 뜻입니다. 그는 그러한 생명체가 어디에 있을 것인지에 대해서까지도 자세히 소개하였는데, 말레이시아 아키펠라고의 '뼈 동굴'로 알려진 곳이라 하였습니다. 1887년 뒤부아는 유인원의 화석을 찾겠다고 공언하고는 네덜란드 동인도령으로 항해를 떠났습니다.

자바에 도착한 지 2년 후 1889년 뒤부아는 50명의 죄수 노동자들을 데리고 솔로 강을 따라 발굴에 착수하였습니다. 1891년 트리닐 지역 근처에서 2개의 주요 화석인 이빨과 두개골을 찾아냈습니다. 그다음 해인 1892년에는 현생 인류의 것처럼 보이는 허벅지뼈를 발견했는데, 이것은 확실히 원숭이에 속한 것은 아니었습니다. 이 화석의 연대는 약 100만 년 전으로 추정되었습니다. 두개골을 조사해보면, 이 개체는 커다란 뇌를 가진 종에 속했고, 이빨과

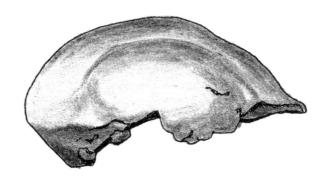

외젠 뒤부아는 유인원 피테칸트로푸스의 두개골을 자바에서 발견했다.

두개골, 허벅지뼈가 모두 같은 개체에서 나온 것으로 보였습니다. 뒤부아는 자신이 발견한 화석이 헤켈이 말한 '잃어버린 고리' 화석이라고 확신했습니다. 일반 대중에게 '자바 원인'이라고 알려져 있는 이 종은 피테칸트로푸스 에렉투스Pithecanthropus erectus라고 이름 붙였습니다. 허벅지뼈의 모양으로 살펴볼 때 이 유인원이 확실히 직립해서 걸었기 때문입니다. 뒤부아는 이 자바 원인을 진화상으로 볼 때 과도기에 해당하는 인류와 원숭이 사이의 중간 단계라고 보았습니다. 후에 몇몇 다른 피테칸트로푸스 종이 이 지역 근처에서 발견되었습니다.

1914년 젊은 인류학자 페이(裵文中)는 중국 베이징 근처 저우커우뎬 마을 근처 언덕의 석회암 동굴에서 유사한 두개골을 발견하였습니다. 페이가 발견한 이 화석은 시난트로푸스 페키넨시스Sinantropus pekinensis 또는 '베이징의 중국인'으로 일반 대중에게는 '베이징 원인(북경원인)'으로 널리 알려졌습니다. 베이징 원인은 100만 년이 채 안 되는 나이입니다. 오늘날 우리는 자바 원인과 베이징 원인 모두 같은 호모 에렉투스 종에 속해 있고, 이는 처음 직립한 인류와 현생 인류 사이의 중간적인 종입니다.

가장 오래된 호모 에렉투스, 투르카나 소년

가장 오래되고 완전한 호모 에렉투스 표본은 1984년 케냐의 투르카나 호수 서쪽 나리오코토메 지역에서 발견되었습니다. 리처드 리키 팀에 의해 발견된 이 화석은 거의 완전한 개체의 뼈들로 해체되어 있었습니다. 그것은 150만 년이 넘은 시기에 고대 호숫가 근처에서 죽은 아홉 살이 넘지 않은 남자아이의 뼈들이었습니다. 이 표본은 곧 '투르카나 소년Turkana Boy'으로 알려졌습니다.

투르카나 소년의 사망 나이는 이빨 성장 유형으로부터 추론할 수 있습니다. 소년이 죽었을 당시에 두 번째 어금

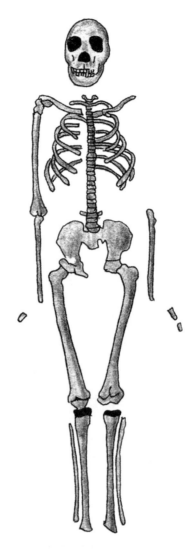

호모 에렉투스의 가장 오래되고 완벽한 표본인
'투르카나 소년'은 케냐에서 발견되었다.

니가 이빨 사이로 보이기 시작했는데, 이러한 이빨의 성장은 현생 인류 아이에게는 11세 정도에 나타나고, 유인원에게서는 7세 정도의 나이에 보입니다. 호모 에렉투스의 위치가 이 둘의 중간 어디쯤에 위치한다고 생각하면, 소년이 죽었을 때의 나이는 대략 9세 정도였다고 추론하는 것이 타당할 것입니다.

나리오코토메에서 투르카나 소년이 발견되기 훨씬 이전부터 인류 진화의 역사에 있어 호모 에렉투스의 중요성은 일찍이 잘 알려져 왔습니다. 하지만 모든 초기 화석들은 해부학상 제한된 부분들만 발견되었습니다. 자바 원인과 베이징 원인을 포함해서 지구 곳곳에서 발견된 100여 구 정도의 화석들은 대부분 두개골과 턱 부분이었고, 드물게 허벅지뼈들 정도였습니다. 따라서 1984년 투르카나 소년이 발견되기 전까지는 호모 에렉투스의 전체 뼈 조각이 발견되지 않았던 것입니다.

투르카나 소년의 전체 뼈가 발견됨으로써 호모 에렉투스의 외형적 모습에 대해 분분하던 의견들은 마침내 잠잠해졌습니다. 심지어 뒤부아 시대 이후에 호모 에렉투스(베이징 원인과 자바 원인)는 땅딸막하고 두꺼운 뼈에 힘센 근육질의 종족이라고 생각했었습니다. 하지만 투르카나 소년이 이 모든 가설을 바꿔버렸습니다. 화석 뼈를 연구하던 리처드 리키 팀의 동료였던 앨런 워커Alan Walker에 의하면, 투르카나 소년은 성장했을 때 키의 크기가 1.8미터보다 큰 날씬한 성인입니다. 이 소년은 현재 투르카나 호수 주변에 사는 사람들과 비슷하게 생겼습니다. 길고 날씬한 팔다리를 가지고 있는 그들의 체격은 끔찍한 태양열을 피하기에 좋은 구조였습니다. 중요한 것은 투르카나 소년이 현생 인류와 부합되는 일반적인 몸의 비율을 가지고 있었다는 것입니다.

아프리카를 떠나 세계로 가다

얼굴의 생김새로 보면, 호모 에렉투스는 이전 선조였던 호모 하빌리스와 별반 다를 바 없습니다. 비록 이빨은 다소 작을지라도 얼굴은 여전히 돌출된 사각 턱을 가지고 있었고, 아래턱은 없고, 두꺼운 눈썹뼈와 길고 낮은 두개골을 가지고 있었습니다. 하지만 이전 선조와 뚜렷이 구분되는 점은 1,000밀리리터에 가까운 다소 큰 뇌를 들 수 있는데, 이는 호모 하빌리스의 680밀리리터의 뇌용적과

호모 에렉투스가 사용한 석기 도구인 주먹도끼.

현생 인류의 1,350밀리리터의 뇌용적과 비교되는 크기입니다.

좀 더 크고 복잡한 뇌로 인해 호모 에렉투스는 확실히 발달된 지능과 이전의 조상들에게서는 볼 수 없었던 지적 호기심을 가지고 있었습니다. 또한 언어 능력도 있었을 것으로 여겨집니다. 발굴 현장에서 나온 다양한 모양의 발전된 석기와 무기들을 보면 호모 에렉투스가 높은 지능을 가지고 있었음을 알 수 있습니다. 이곳에서는 양날이 서 있는 눈물방울 모양의 '주먹도끼'와 날카로운 날이 있는 자르는 도구들이 대량으로 발견되었습니다.

중국과 몇몇 지역에서 발견된 석탄 증거는 호모 에렉투

스가 어떻게 불을 다루고 음식을 익혔는지 알려줍니다. 이를 통해 후대 인류 조상의 치아 크기가 작아진 근거를 찾을 수 있습니다. 생고기나 조리되지 않은 음식을 씹는 것보다 불에 의해 조리된 음식을 씹는 것이 훨씬 힘이 덜 들기 때문에 치아 크기가 점차로 작아진 것입니다.

큰 뇌용적으로 인해 호모 에렉투스는 가까운 이웃 종족을 떠나 새로운 초원을 찾는 모험을 감행하기도 했습니다. 오늘날의 인류처럼 그들은 산 너머 그 반대쪽에 무엇이 있는지 보기를 원했습니다.

호모 에렉투스가 아프리카 바깥으로 이동하게 된 원인

호모 에렉투스 화석이 발견된 지역 분포.

은 그가 사는 지역에서 인구가 증가했기 때문입니다. 하지만 원인이 무엇이든 간에 호모 에렉투스는 아직 탐험되지 않은 새로운 지역으로의 이동에 별 어려움을 느끼지 않았을 것입니다. 그들에게는 발달된 사냥 기술과 먹이를 찾는 기술, 그리고 환경을 이용하는 능력이 있었기 때문입니다. 중국, 동남아시아, 인도의 화석 증거로부터 알 수 있듯이 그들은 멀리 그리고 넓게 퍼져 나갔습니다. 놀랍게도 유럽에서는 호모 에렉투스의 확실한 화석 증거는 나오지 않았습니다. 당시 빙하기로 인해 초기 인류 방랑자들은 몹시 추운 얼음으로 덮여 있던 북쪽으로의 모험을 일시적으로는 감행하지 않았던 것으로 보입니다.

약 100만 년 전 호모 에렉투스의 인구가 아프리카 바깥으로 진출하기 시작했을 때 그들은 도구를 만드는 향상된 지식도 함께 가지고 갔는데, 이 지식 덕분에 그들은 아직 알려지지 않은 적대적인 환경에서 살아남을 수 있었습니다. 유럽과 아시아로 퍼져 나가는 동안 도구 만드는 기술을 향상시켰는데, 넓은 박편 도구부터 좁은 날이 선 도구를 만드는 기술까지 향상시켜 나갔습니다. 날이 선 도구들은 더욱 날카로워져 매우 정교한 도구들로 제작되었습니다. 대략 70만 년 전에는 뾰족하고 날이 서고 휘어진 형

태의 서로 다른 도구들이 20~30개 정도 발굴되었는데, 이
전에는 결코 알려지지 않은 형태의 도구들이었습니다. 일
을 하는 데 있어 서로 다른 용도로 제작된 이 석기들은 인
류 역사에서 진정한 변화의 이야기를 들려줍니다.

발달된 도구 제작 기술 외에도 호모 에렉투스 이주자들
은 여러 가지 다른 변화들도 함께 가져다주었습니다. 그
들은 이전까지와는 다른 낯선 환경에 부딪히게 되었지만
새로운 환경에 빠르게 적응할 수 있었습니다. 피부색의
변형도 이러한 적응의 과정이었습니다.

왜 피부색이 다를까?

왜 사람마다 피부색이 다른지에 대해서 확실하게 알려
진 바는 없습니다. 널리 알려진 이론에 의하면, 피부색의
차이는 뼈를 형성하는 데 필수적인 비타민 D의 형성과 관
계가 있다고 합니다. 사람의 피부 세포는 다른 기관의 세
포들과 마찬가지로 비타민 D로 전환될 수 있는 콜레스테
롤 비슷한 화학 물질을 포함하고 있습니다. 그러나 비타
민 D로 전환이 일어나기 위해서는 이 화학 물질 속에 있

는 6개의 탄소 고리 중 하나가 끊어져야 하는데, 피부가 태양빛 속에 존재하는 자외선에 노출될 때 일어납니다. 일단 고리가 끊어지고 이 복합체들이 혈관으로 들어가면 간과 신장에 존재하는 효소로 인해 비타민 D로 전환이 됩니다. 충분한 태양빛에 노출이 부족하면 비타민 D 부족 현상을 일으키는데, 이는 어린아이의 뼈에 여러 이상 현상을 유발시킵니다. 따라서 고위도 지역으로 이동한 인류는 초기에 칼슘을 흡수하지 못해 뼈가 약해지고 굽어지는 구루병에 걸리는 어려움을 겪기도 했습니다.

그렇다면 태양빛이 열대 아프리카만큼이나 강하지 않은 추운 유럽 땅으로 이동했을 때 호모 에렉투스의 갈색 피부는 왜 하얀 피부색으로 돌아갔을까요? 비타민 D 때문입니다. 비타민 D는 콜레스테롤에서 만들어지는데, 이 과정을 자외선이 촉진합니다. 하지만 태양빛이 적은 유럽에서는 이제 더 이상 태양빛을 막아내는 보호색소층(멜라닌)이 필요하지 않게 되었을 뿐 아니라 이 멜라닌 색소는 피부의 비타민 D를 합성하는 데 방해가 되었습니다. 따라서 추운 기후에서 살던 몇몇 이주자들은 몇 세대를 거치면서 피부의 색소를 잃어버려 하얀 피부로 변화되었습니다. 이런 방식으로 신체적 차이가 지역적으로 서서히 진행되었고, 결국 유럽 지역에서는 멜라닌 색소가 적어 자외선을 충분히 흡수할 수 있는 사람이 생존에 유리했을 것입니다.

인간의 사회성도 진화의 산물이다

투르카나 소년의 두개골 사이즈로부터 보건대, 호모 에렉투스의 아기*는 현생 인류와 마찬가지로 성인 두뇌의 3분의 1 크기로 태어난다고 측정되었습니다. 이로 미루어 보아 투르카나 소년은 현생 인류의 아기들이 타인의 도움을 받아 태어나는 것처럼 세상에 태어났을 가능성이 큽니다. 덜 발달된 상태로 태어난 아이는 생존을 위해 태어나자마자 부모에게 의존하게 되었고, 부모는 아이를 집중적으로 보호하게 되었는데, 이는 사회성의 발달을 가져온

---

* 직립보행을 하게 되면, 해부학적으로 골반의 크기가 점점 줄어드는 구조로 진화가 된다. 침팬지와 같은 영장류의 새끼는 어미의 골반을 곧장 통과해서 나올 수 있는 반면, 현생 인류의 아기는 어머니의 골반에 비해 몸집이 상당히 크기 때문에 출산시에 훨씬 위험하고 고통이 따르게 된다. 태내에서 덜 발달된 상태의 아기를 낳는 것은 이미 호모 에렉투스에서 시작한다. 이러한 문제는 인류 사회에 많은 영향을 미쳐서 남자는 배우자와 아기를 보호하는 역할이 커졌고, 아기는 부모의 집중적인 보호를 받게 되었다.

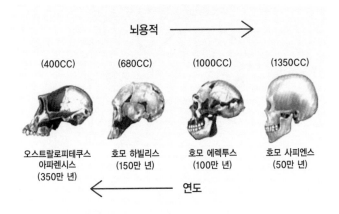

뇌용적

(400CC) (680CC) (1000CC) (1350CC)

오스트랄로피테쿠스   호모 하빌리스   호모 에렉투스   호모 사피엔스
아파렌시스   (150만 년)   (100만 년)   (50만 년)
(350만 년)

연도

뇌용적과 진화의 과정.

원인이 되었습니다. 이러한 경향은 약 170만 년 전 초기 호모 에렉투스에게서 이미 나타나기 시작했습니다.

커진 두뇌와 뛰어난 지능으로 호모 에렉투스는 인류 진화에서 중심에 설 수 있었습니다. 이전에는 좀 더 원숭이를 닮았고, 이후에는 좀 더 인간을 닮은 형태였습니다. 100만 년에 걸쳐 호모 에렉투스는 점차적으로 진화하여 약 50만 년 전에는 우리와 확연히 닮았고 초기 호모 에렉투스와는 확실히 다른 현생 인류 종인 호모 사피엔스Homo Sapiens로 분류되기에 이르렀습니다.

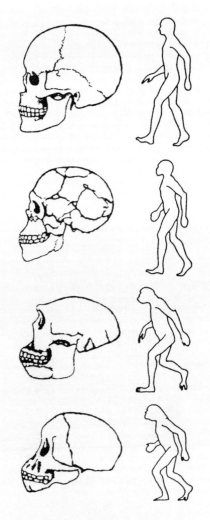

두개골의 형태와 직립보행의 진화 과정을 보여준다.
아래로부터 오스트랄로피테쿠스, 호모 에렉투스,
호모 사피엔스 네안데르탈렌시스, 호모 사피엔스 사피엔스.

5

꽃을
좋아한
네안데르탈인

 유럽에서 발견된 네안데르탈인

독일 에크라트 지역의 박물관에 전시된 잘 차려입은 한 인물상을 슬쩍 보자면, 우리는 이를 현대 인류의 한 사람으로 착각하기 쉽습니다. 하지만 자세히 살펴보면 이 인물상은 인간이 아닙니다. 그의 얼굴은 우리 인간과 확연히 구분되는데, 납작한 두개골 판을 가졌고, 높은 눈썹뼈, 큰 코와 돌출된 턱을 가지고 있습니다. 그는 우리 조상과 가장 가까운 종의 하나인 네안데르탈인Neandertal man입니다.

1856년 네안데르탈인의 첫 화석이 발견된 이래로 그의

독일 에크라트의 네안데르탈인 박물관에 전시되어 있는 네안데르탈인.

참모습은 비밀에 휩싸여왔습니다. 이들은 '큰 눈썹과 낮은 지능을 가진 거대한 몸집의 하위 인간으로 원시적이고 우둔한 짐승'이라고 묘사되었습니다. 하지만 1970년대 아프리카에서 오스트랄로피테쿠스 아파렌시스 화석이 발견되기 전까지 이 화석의 발견으로 유럽인들은 인류의 기원이 유럽 남성이라는 시각을 갖게 되는 계기가 되기도 하였습니다.

처음으로 네안데르탈인의 뼈 화석이 1856년 네안데르 계곡*의 뒤셀도르프 근처 석회암 동굴에서 발견되었을 때, 어느 누구도 인류 진화에 대한 개념을 가지고 있지 않았습니다. 현생 인류가 유인원과 비슷한 종으로부터 진화되었다는 지식도 그 당시에는 뿌리 내리지 않았습니다. 따라서 화강암 광산에서 광부들이 인간과 비슷한 해골을 발견해냈을 때만 해도 이 화석의 중요성을 그 누구도 알지 못했습니다.

발견된 해골은 인간과 비슷하기는 했지만 인간의 것과는 그 모습이 많이 달랐습니다. 두개골에는 눈 위의 뼈가

---

* '탈(tal)'은 오늘날 독일에서는 계곡을 의미하고, 19세기에는 'thal'이라는 철자를 사용했다.

많이 돌출되어 있고, 경사면이 낮은 머리덮개뼈가 있었습니다. 그리고 팔다리뼈는 인간의 것과는 비교할 수 없을 정도로 두꺼웠습니다.

심지어 이 뼈들을 직접 만졌던 그 지역의 과학 교사들은 이 화석을 '노아의 홍수를 피해 살아남은 피난민'에 속하는 생명체라고 생각했으며, 당시의 일반 사람들은 이 생명체가 구루병을 앓고 있던 가엾고 바보스런 은둔자였다고 생각했습니다. 인류 조상에 대한 지식이 부족하여 네안데르탈인의 뼈는 조금 변형된 인간의 뼈에 지나지 않는 것으로 취급되었습니다.

네안데르탈인에 대해 최초로 자세한 정의를 내린 이는 헉슬리입니다. 헉슬리는 1863년에 출간한 《자연에서의 인간의 위치》에서 이 화석은 아직까지 발견되지 않은 가장 유인원다운 두개골이지만, 큰 뇌용적을 가진 호모 사피엔스의 변종 범위에 있는 표본이라고 인정하였습니다. 하지만 다른 학자들은 원숭이와 인간 사이의 차이점이 크기 때문에 이 개체를 초기 인류와는 거리가 먼 다른 종에 속한다고 여겼습니다. 1864년 윌리엄 킹William King은 이 종을 호모 네안데르탈렌시스Homo neanderthalensis라고 불렀습니다. 그러나 오늘날 네안데르탈인은 현생 인류의 종이 속하는 호모 사피엔스의 하위 종(호모 사피엔스 네안데르탈렌시스)에 속합니다.

점차적으로 네안데르탈인의 유적이 유럽에서 서아시아에 걸쳐 100여 군데 이상에서 발견되면서 이 인류 조상의 본질이 밝혀지기 시작했습니다. 네안데르탈인은 약 25만 년 전부터 약 3만 년 전까지 유럽에 거주했던 것으로 알려졌습니다. 놀라운 점은 이들이 멸종되기 전 약 1만 년 동안 현생 인류와 함께 곁에서 생존해왔다는 것이 최근의 몇몇 발견에 의해 밝혀졌습니다.

수십 년에 걸친 방대한 양의 화석 수집에 의해 우리는 독일 에크라트 네안데르탈인 박물관에 전시된 유인원처럼 상당히 정확한 네안데르탈인의 유사성을 재창조해낼 수 있었습니다. 확실한 것은 네안데르탈인이 외관상 좀 더 우락부락한 신체를 하고 있었을지라도 현재의 우리와 많이 다르지는 않다는 점입니다. 힘센 근육과 함께 굵고 단단한 뼈들은 엄청난 힘과 지구력을 가질 수 있음을 나타냅니다.

리처드 리키는 네안데르탈인의 모습을 다음과 같이 간단명료하게 묘사하고 있습니다.

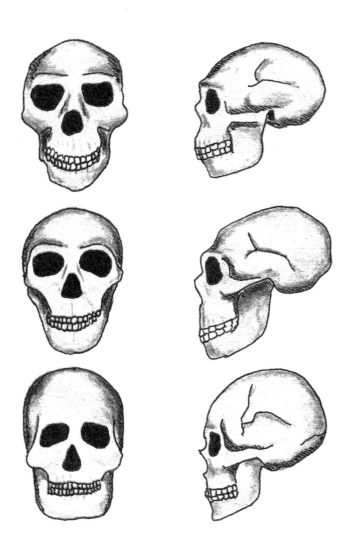

현생 인류와 뚜렷하게 구별되는 나머지 유인원.
호모 에렉투스(위쪽), 네안데르탈인(중앙), 현생 인류(아래)의 두개골.

"고무로 만들어진 현생 인류의 얼굴을 상상해보라. 그리고 그 코를 쥐고 앞으로 쭉 잡아 당겨라. 그 결과는 이상하게 얼굴의 중심부가 돌출된 형태, 단순이 코만 나온 것이 아니라 그 주변의 것도 함께 나온 형태가 될 것이다. 이것이 대략적인 네안데르탈인의 얼굴 모습이다."

네안데르탈인은 그들의 조상인 호모 에렉투스보다 짧고 좀 더 두꺼운 몸체를 가졌을 뿐 아니라 훨씬 큰 뇌를 가지고 있는데, 사실상 평균적인 현생 인류의 뇌보다 살짝 클 뿐입니다. 하지만 전체 몸집에 대한 비율로 보자면, 네안데르탈인의 뇌는 현생 인류의 평균 뇌보다는 작고, 뇌의 형태 또한 덜 복잡하고 주름도 덜 잡혀 있습니다. 이 큰 뇌로 인해 네안데르탈인은 환경과 맞서 싸울 수 있는 능력을 가질 수 있었습니다. 그들은 엄청나게 더운 아프리카 열대우림보다 훨씬 더 추운 기후에서 살아남는 법을 알았던 최초의 인류 조상입니다.

혹한의 야생에서 살아남기

화석 기록에 의하면, 네안데르탈인은 유럽 북쪽으로는

영국, 남쪽으로는 스페인까지 영역을 넓혔고, 후에 동쪽으로 서아시아와 중앙아시아까지 그 세력을 확장했습니다. 하지만 그들의 인구는 어느 순간도 수만을 넘지 않는 크지 않은 규모였습니다.

네안데르탈인은 북쪽에서 이전의 유인원들이 결코 겪어본 적이 없는 혹한의 야생 상태에 처음으로 직면했고, 점차적으로 수천 년을 통해 생존에 적응해 나갔습니다. 해부학적으로 보면, 이 적응이 어떠한 것이었는지 관찰할 수 있습니다.

네안데르탈인의 짧은 사지와 다부진 체격은 현재의 에스키모인과 흡사한데, 이러한 체격은 추운 기후에서 열의 손실을 막는 데 이상적으로 효율적인 구조입니다. 펑퍼짐한 코는 내부 공간을 좀 더 충분히 확보함으로써 혹한의 건조한 공기로부터 수분을 담아낼 수 있었습니다. 또한 힘센 근육을 가진 그들은 초목이나 작은 사냥감조차 거의 없는 땅에서 들소나 엘크 같은 보다 큰 짐승을 사냥하여 생명의 자양분으로 삼았습니다.

네안데르탈인들은 서로 협력하여 큰 짐승을 사냥했습니다. 그들은 여럿이서 사냥감을 둘러싼 후 습지나 개울둑으로 몰아가서는 석기 촉을 단 끝이 날카로운 창으로 사냥감을 찔러서 죽였습니다. 1948년 독일의 한 습지에서는 길이 2.5미터의 나무창이 코끼리 화석 뼈 옆에서 발견되었습니다.

큰 사냥감을 죽이기 위해 심각한 부상 위험에 노출되었다는 것은 그리 놀라운 일이 아닙니다. 실제로 네안데르탈인 화석을 보면 머리와 목에 부상이 꽤 흔한 일이었음을 알 수 있습니다. 많은 네안데르탈인 사냥꾼은 가까운 범위에서 사냥감을 찔렀기 때문에 부상을 입었습니다. 그들은 먼 거리의 사냥감을 향해 창을 던질 수 있는 기술을 알지 못했습니다. 이는 참으로 이상한 일이었는데, 도구를 제작해서 사용할 수 있었던 그들의 기술력으로 볼 때 이는 충분히 해결 가능한 일이었기 때문입니다. 발달된 기술력으로 볼 때 네안데르탈인은 도구를 제작하는 데 있어 적합한 부싯돌 조각을 찾기 위해 종종 수십 킬로미터에 이르는 먼 거리를 여행하기도 했습니다.

더군다나 최근 연구 결과가 보여주듯이 네안데르탈인 지역에서 발견된 도구의 종류는 이 도구들을 만드는 데 꽤 숙련된 기술이 필요했음을 보여줍니다. 사실 네안데르탈인이 사용한 기술은 후에 현생 인류가 사용한 기술과 크게 다르지 않다는 사실이 알려졌습니다.

네안데르탈인이 바느질을 했다는 증거는 없을지라도 거주 지역에서 발견된 다수의 도구들은 옷을 만들기 위해 가죽을 무두질하는 데 도움을 준 것으로 보입니다. 흥미롭게도 현대의 에스키모인처럼 네안데르탈인도 앞니가 심각할 정도로 마모되어 있는데, 이는 옷을 만들 때 앞니를 제3의 손처럼 사용해서 가죽을 잡았기 때문이라고 추측됩니다.

제작한 도구들을 사용하기 위해, 또한 커다란 사냥감을 협동하여 죽이기 위해 네안데르탈인은 그들의 지식과 명령을 전달하고자 어떤 종류의 언어를 사용했을 가능성이 있습니다.

네안데르탈인의 두개골을 연구해보면 현생 인류와 비슷하나 크지 않은 발성기관을 가지고 있었음을 추측할 수 있습니다. 이러한 발성기관으로 인해 네안데르탈인은 의사소통을 위하여 넓은 범위의 소리를 만들어낼 수 있는 능력은 있었지만, 우리가 내는 소리와 같은 복잡한 언어 형태를 사용할 수 있는 정도는 아니었습니다. 언어의 사용은 현생 인류가 가진 좀 더 발달된 뇌의 형태를 갖추고서야 가능했습니다.

네안데르탈인은 어떤 삶을 살았을까?

네안데르탈인은 극심한 기후를 피해 동굴이나 바위 은신처에 거주지를 마련하였고, 불을 사용할 줄 알았다고 알려졌습니다. 그러면 그들의 사회생활은 어떠했을까요?

미국 인류학자인 루이스 빈포드Lewis Binford는 네안데르탈인이 살았던 동굴이나 바위 거주지에서 발견된 화석 뼈와 석기 도구들을 통해 그들의 생활상에 대한 놀라운 점을 찾아냈습니다. 네안데르탈인 남성과 여성은 이상하게도 떨어져서 생활했습니다. 그들은 서로 다른 음식을 먹었고, 서로 다른 석기 도구를 사용했습니다.

프랑스 남서부 지역의 콩브 그르날에서 발견된 수천 개의 동물 뼈 조각들과 석기 도구들의 연구를 통해 빈포드는 흥미로운 사실을 발견하였습니다. 동굴과 바위 거주지 안에서 발견된 동물 뼈 조각과 석기 도구는 거주지 밖에서 발견된 도구들과 다르다는 것이었습니다. 거주지 안에서 발견된 뼈 조각들은 내부를 밝히기 위해 불길을 담아 둘 수 있는 골수와 큰 동물의 두개골 뼈들이었습니다. 여기서 발견된 도구들은 단순한데, 동굴 안에 있는 돌이나 동굴에서 멀리 떨어지지 않은 곳에 있던 돌들을 가지고

전형적인 네안데르탈인의 거주지.

와서 만든 것이었습니다. 이러한 유물들은 항상 재가 묻은 물질들과 함께 발견되었는고, 이는 이곳에서 불을 피웠음을 나타냅니다.

　동물의 잔해 뼈가 발견된 곳에서는 훨씬 더 복잡하고 섬세한 면을 가진 긁을 수 있는 도구들이 나왔으며, 이 도구들은 먼 지역에서 수집된 돌들로 만들어진 것입니다. 흥미롭게도 긁을 수 있는 돌의 원료는 거주지에서 발견되는 동물의 뼈 종류와 연관됩니다. 돌들이 고지대에서 온 것이라면, 이 돌들과 함께 발견된 뼈들도 고지대에 사는 말과 같은 동물의 뼈인 것입니다. 돌들이 강의 협곡 지역에서 온 것이라면, 발견된 동물의 뼈들도 협곡 지역에 사는 돼지와 같은 동물의 뼈였습니다. 빈포드는 거주 지역에서 발견된 동물의 뼈에 의거하여 네안데르탈인 남성이 거주지에 머물고 있는 여인들의 구역으로 돌아올 때 사체 전체를 운반해오지 않았다고 주장했습니다. 그들은 단지 두개골 뒷부분이나 골수 뼈만 가지고 왔을 뿐이었습니다. 빈포드에 의하면, 두개골이나 골수 뼈들을 가열하면 가열하지 않은 채 노지에서 그냥 열어 먹을 때보다 좀 더 많은 지방을 얻을 수 있다고 합니다.

또한 빈포드는 거주지를 함께 공유하는 전형적인 네안데르탈인 그룹이 12명의 어른과 몇몇 아이들로 구성되어 있다고 보았습니다. 남성 무리는 이 거주지에 일상적으로 머무르지 않고 사냥이 끝난 후 주기적으로 돌아왔습니다. 여성 무리들과 아이들은 대부분 과일, 열매나 불에 구운 뿌리, 그리고 때때로 남성 무리들에 의해 운반된 골수 뼈와 같은 육류를 먹고 살았습니다. 남성 무리들은 거주지에서 멀리 떨어진 곳에서 그들이 사냥한 동물의 고기 부위를 먹었습니다.

타인을 보살필 줄 알았던 이타적 존재

사실 네안데르탈인이 원시사회의 기준에 비해 지능이 높은 존재라 해도 미래를 계획할 줄 몰랐고, 주변 자원을 충분하게 사용하지는 못했습니다. 하지만 이런 지적 결함에도 불구하고 그들의 매장 지역에서 나온 유물과 뼈에 남아 있는 상처 자국을 통해 본다면 네안데르탈인은 이타적인 존재였습니다. 그들은 사체를 매장할 줄 알았던 최초의 인류 종족이었습니다.

이라크의 한 동굴에서 약 10만 년 된 한 남자와 두 여자, 그리고 한 아기의 해골이 식물의 화분과 함께 발견되었습니다. 거주지 근처 들판에서 채집한 꽃들은 아마도 시체 옆에서 매장 의식에 사용된 것처럼 놓여 있었습니다. 더욱 놀라운 것은 매장시 사용된 대부분의 꽃 종류가 전통적인 약초로 사용된 허브였다는 것입니다. 타 지역에서 발견된 다른 해골들을 보면 상처를 치료한 흔적들이 보이는데, 상처가 회복하는 동안 간호와 보살핌이 필요했을 것입니다. 그러한 보살핌과 보호에도 불구하고 네안데르탈인은 오래 살지 못했는데, 이는 그들의 거친 생활상 때문이었을 것입니다. 비록 40세가 된 해골이 발견되었더라도 성인으로서 네안데르탈인의 평균 사망 연령은 30세 정도였습니다.

몇몇 지역에서 발견된 화석 기록에 의하면, 약 4만 년 전쯤 진정한 현생 인류인 호모 사피엔스가 유럽 쪽으로 이동한 것으로 드러났습니다. 그들은 지적으로 네안데르탈인보다 훨씬 우월하였고, 정교한 날을 가진 혁신적인 무기로 무장했으며, 재단된 옷과 좀 더 나은 거주지, 효율적인 난방 시설을 가졌던 것으로 보입니다. 그리고 가장 중요한 것으로는 언어의 힘을 가졌다는 것입니다.

현생 인류는 네안데르탈인과 약 1만 년 동안 동시대에 살면서 네안데르탈인이 멸종할 때까지 곁에서 함께 살아왔습니다. 무엇 때문에 네안데르탈인이 멸종했는지 아직까지 정확히 밝혀지지는 않았습니다. 또한 네안데르탈인의 유전자가 오늘날 현대 유럽인의 유전자와 유사하다고 주장되고 있지만, 유전자의 유사성만으로 네안데르탈인이 현생 인류와 이종교배(서로 다른 계통 간의 교배)되었다고 볼 수 있는 근거는 아직 찾을 수 없습니다. 어떤 이유든 간에 약 3만 년 전에는 오직 하나의 인류 종족만이 지구를 지배하였습니다. 그것은 호모 사피엔스 사피엔스Homo sapiens sapiens였습니다.

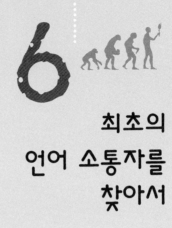

6

최초의
언어 소통자를
찾아서

 ## 인간과 동물 사이에 생긴 엄청난 격차

찰스 다윈의 친한 친구이자 그가 열렬히 지지했던 토머스 헨리 헉슬리는 말과 언어의 중요성에 대해 아주 잘 알고 있었습니다. 헉슬리는 언어야말로 우리 인간과 동물들을 다르게 구별하는 것이라고 생각했습니다. 1863년 《자연에서의 인간의 위치》란 책에서 헉슬리는 인간의 언어 능력에 대해 주목하면서 다음과 같이 말했습니다.

"인류는 하등 동물에 비해 훨씬 월등해서 그 위치가 마치 산꼭대기에 우뚝 솟아 있는 듯하고, '언어'라는 대단한 능력을 부여받은 인간은 이 능력으로 인해 진리라는 무한한 원천에서 오는 한 줄기 빛을 여기저기 투영함으로써 총체적 자연을 변모시켰던 지적인 존재로⋯인간과 짐승 사이에⋯생긴 어마어마한 격차에 대해 아무도 나만큼 강력하게 확신할 수 없을 것이다.⋯"

헉슬리의 주장은 진실에 가까웠는데, 인간의 회화 언어가 방대한 양의 정보를 정확한 방법으로 전달한다는 점에서 다른 어떤 동물들과도 달랐기 때문입니다. '장미향이 달콤하다'라고 말할 때, 우리는 정확하게 그 꽃을 정의하고, 또한 코에서 감지되는 그 꽃의 향기에 대한 감각까지도 정의할 수 있습니다. 이는 다른 종과 의사소통을 하기 위해 대부분의 동물들이 사용하는 울부짖음이나 몸짓을 통해 전달하는 것과는 많은 차이가 있습니다.

여기서 우리는 다음과 같은 질문을 할 수 있습니다. 이전 조상에게는 발견되지 않고 현생 인류에게만 발견되는 것으로 언어 능력을 가능케 하는 요소는 무엇일까요? 안타깝게도 그것을 발견하는 것은 쉬운 일이 아닙니다. 턱, 이빨, 뼈, 그리고 두개골은 영구적인 화석으로 남을 수 있습니다. 하지만 이와는 달리 정확한 언어 능력에 관건이 되는 발성기관과 지능을 담당하는 복잡한 뇌는 부드러운

조직으로 만들어져 있기 때문에 화석화되지 않습니다. 그럼에도 이 문제에 접근할 수 있는 간접적인 방법이 있긴 합니다.

어떻게 언어적인 소리를 낼까

어떻게 언어적인 소리가 발성기관에서 나오는지에 대한 수수께끼를 풀기 위하여 인간의 발성기관과 유인원의 발성기관이 어떻게 다른지를 먼저 살펴보기로 하죠.

유인원과 현생 인류 모두 후두, 목, 혀, 그리고 입술로 이루어진 발성조직기관을 갖고 있습니다. 인간은 실로 방대한 범위의 소리를 낼 수 있는데, 이러한 소리의 다양함은 많은 발성 부분에 근거하여 나옵니다. 인간의 말은 자음과 모음의 조합으로 형성된 소리로 이루어져 있습니다. 이 소리는 후두에서 생성된 소리로 호흡기관을 통해 폐로부터 방출된 공기가 탄성을 가진 성대를 진동시킴으로써 나는 소리입니다. 후두의 위아래는 서로 연결되어 움직이면서 성대를 늘리거나 이완하여 소리의 높낮이를 변화시킵니다. 그리고 공기가 방출되는 힘의 크기에 의해 소리의 크고 작음이 결정됩니다. 소리는 이빨, 혀, 구개와 안면 근육 등에 의해 입안에서 말을 형성합니다. 정확한 언어 능력을 위해 넓은 영역의 소리를 만들어낼 수 있는 인간의 능력은 큰 크기의 인두에서 발생합니다. 또한 목 아래에 낮게 위치한 후두로 인해 생긴 커다란 목구멍—성대와 입의 위쪽 부분 사이의 공간—에서도 소리를 만들어낼 수 있습니다. 이 목구멍이 후두를 좀 더 자유롭게 확장하고 수축하게 하며, 이로 인해 확실히 넓은 영역의 소리를 만들어낼 수 있게 됩니다.

인간과 비교해볼 때 유인원은 후두가 목 위쪽에 위치해 있는데, 이는 목구멍을 작게 만듭니다. 이로 이해 유인원이 만들어내는 소리의 영역은 확실히 제한적이며, 인간과 같은 발음된 소리를 만들어내는 능력을 가지지 못합니다. 사실 확장된 목구멍은 정확한 말을 만들어내기 위한 인류의 능력을 결정짓는 주요 특징이자 인간다운 자질입니다.

여기서 한 가지 흥미로운 점은 신생아의 성도聲道(성대에서 입술 또는 콧구멍에 이르는 통로) 모양이 유인원의 성도와 거의 유사하다는 점인데, 후두가 목 위쪽에 위치해 있다는 것입니다. 이로 인해 한 살 반까지의 영아들은 정확한 말을 만들어낼 수 없습니다. 하지만 이로 인해 성인들과 반대로

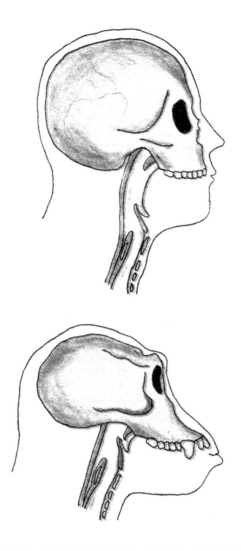

언어 능력을 가능케 하는 요소로 큰 목구멍을 보여주는 인간의 발성기관(위쪽)과 상대적으로 작은 목구멍을 보여주는 유인원의 발성기관(아래쪽).

영아들에게 이로운 점을 주기도 하는데, 후두의 높은 위치는 인간 영아와 유인원에게 음식을 삼키면서 질식하지 않고 숨을 쉬게 하는 것을 동시에 가능하게 합니다. X-ray로 찍은 영상을 보면, 인간 신생아와 영아가 숨을 쉬고 음식을 삼키며 소리 내는 방식이 원숭이와 유인원의 방식과 똑같다는 것을 보여줍니다. 한 살 반까지 인간 아이의 후두의 위치는 다른 영장류와 마찬가지로 목 위쪽에 위치해 있습니다. 하지만 점차로 후두는 목 아래로 내려가기 시작합니다. 목 아래로 후두가 내려가면서 아이가 숨을 쉬고, 음식을 삼키며, 소리 내는 방식에 변화가 생기는 것입니다. 후두의 위치 변화가 아이들에게 첫 단어를 말할 수 있게 만들어주는 대신 이로 인해 질식하지 않고 동시에 숨을 쉬며 음식을 먹을 수 있는 능력은 상실되는 것입니다.

하지만 정확한 언어를 말하기 위해 단지 큰 목구멍을 가지고 있다는 것만으로는 충분하지 않습니다. 언어 감각을 만들어내는 사고 과정을 잘 조절하기 위해서는 뇌의 발달이 필수적입니다.

❖ 발성기관과 목소리의 생성

목소리는 폐, 후두, 인두, 구강, 입술 등의 발성기관에 의해서 폐 속의 공기가
후두를 통과하면서 공기의 진동을 유발하여 나오게 된다. 이때 구강과 입술을
통과하면서 이해할 수 있는 언어적 소리가 만들어진다. 발성기관은 크게 4부
분으로 구성되어 있다.

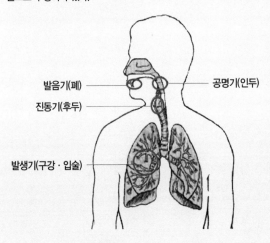

발음기(폐) ———   공명기(인두)
진동기(후두) ———
발생기(구강 · 입술) ———

- 발생기(폐) : 폐에서 호흡을 조절하고, 공기의 흐름으로 성대를 진동시키게
  된다. 후두를 통한 공기의 흐름이 없으면 성대에서는 소리가 만들어지지 않
  는다.
- 진동기(후두) : 특히 후두 내에 위치한 성대를 가리킨다. 성대는 단순히 진
  동에만 관여하며, 풍부한 소리나 발음을 만드는 것은 후두의 위쪽에 위치하
  고 있는 '공명기'와 '발음기'에 의해 이루어진다.
- 공명기(인두) : 성대 위쪽에 있다. 목소리의 음색이나 질을 만드는 부분이다.
- 발음기(구강, 입술) : 소리를 단어나 말로 만드는 작용을 한다.

이들 발성기관 중 후두는 소리를 만들 뿐 아니라 삼킨 음식물이 기도로 들어가
는 것을 방지하기도 하며, 호흡을 할 수 있는 길로도 작용한다. 후두 중에서
성대라는 부드러운 점막으로 둘러싸여 있는 두 개의 막대기 모양이 소리를 낼
때 서로 가운데에서 만나면서 점막을 진동하여 공기의 파동이 만들어지고 소
리가 나오게 된다.

언어 발달과 뇌의 진화는 무슨 관련이 있을까?

인간의 뇌는 진화상으로 볼 때 선조의 뇌보다 단순히 크기만 커진 것뿐 아니라 더 복잡해졌습니다. 뇌는 대뇌와 소뇌의 두 부분으로 이루어져 있습니다. 크고 원구의 모양을 띠는 것을 대뇌라고 하는데, 대뇌는 대뇌피질이라 부르는 6밀리미터 두께의 표피층이 있습니다. 이곳은 지능을 담당하는 곳으로 온몸의 다양한 감각기관에서 받아들인 모든 정보를 저장하고 처리합니다. 소뇌로 불리는 뇌의 작은 부분은 대뇌 아래 뒤쪽에 위치해 있는데, 근육 활동을 조절하고 통제하는 중추적인 곳입니다.

대뇌는 세로로 볼 때 앞쪽과 뒤쪽, 그리고 좌우 반구로 나누어져 있습니다. 각각의 반구는 더 세분화하여 4부분(엽葉)으로 구분되는데, 각각의 엽은 서로 다른 기능을 담당합니다. 예를 들어 전두엽은 움직임과 감정을 담당하고, 후두엽은 시각 기능과 같은 기능을 맡고 있으며, 측두엽의 아랫부분은 저장 기능을 담당하고, 측두엽의 위쪽 부분은 청각, 시각, 후각, 촉각과 같은 감각기관의 통합을 담당하는 중요한 역할을 맡고 있습니다.

뇌의 크기는 지능을 측정하는 좋은 지표이긴 하지만, 이

보다 더 좋은 지표는 보통 회백질이라고 알려진 대뇌피질의 영역입니다. 여기에서 거의 모든 뇌의 정보를 저장하고 처리합니다. 뇌의 크기가 커짐에 따라 대뇌피질의 영역도 늘어났습니다. 하지만 인간에게 있어 대뇌피질의 전체 영역은 단순히 비례적으로 뇌의 크기가 커져서 늘어난 것보다 훨씬 더 넓어졌습니다. 왜냐하면 인간의 대뇌피질은 대부분의 동물과 초기 인류 조상에서 보이는 것처럼 표면이 매끈하지 않고, 두개골 안에서 국한되어 회백질의 크기가 최대치로 확장될 수 있는 무수히 많은 층으로 접혀져 있기 때문입니다.

브로카 영역과 베르니케 영역

신경학자들은 언어 기능을 담당하는 뇌의 언어중추가 두 군데 있다고 밝혔습니다. 19세기 처음 이 부분을 발견한 연구원 폴 브로카Paul Broca와 카를 베르니케Carl Wernicke의 이름을 따서 브로카 영역과 베르니케 영역으로 불립니다. 이들 두 영역 중에서 뇌의 좌측 앞쪽에 약간 들어 올려진 덩어리 부위에 존재하는 브로카 영역이 좀 더 주도

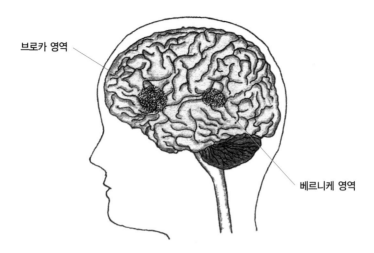

브로카 영역

베르니케 영역

언어 능력은 뇌의 중앙에 있다. 브로카 영역(왼쪽)과 베르니케 영역(오른쪽).

적인 역할을 담당합니다. 이 브로카 영역이 있고 없음에 따라 초기 인류 종족의 언어 능력이 있고 없음을 가늠하는 척도가 되었습니다.

인류의 조상이 현생 인류가 말하는 것처럼 구어적 언어를 사용할 수 있었는지, 아니면 음성적 소통을 위해 단순한 울부짖음, 으르렁거림과 몇몇 소리들을 만들어냈는지를 확인할 수 있는 두 가지 척도가 있습니다. 한 가지는 목 안에 있는 후두의 위치고, 다른 하나는 뇌에 있는 브로카 영역입니다. 불행히도 이 문제의 기관들이 화석화되지 않기 때문에 이 두 가지에 대한 어떠한 증거도 직접적으

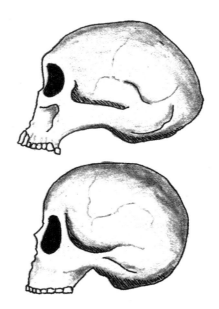

호모 에렉투스 두개골(위쪽)의 기본 골격은 후기에 언어 능력을
보여주는 현생 인류의 두개골(아래쪽)보다 훨씬 납작하다.

로 발견된 적은 없습니다. 하지만 상당히 성공적으로 사
용된 간접적인 방법이 있습니다.

유인원과 초기 인류 및 현생 인류의 수백에 달하는 두개
골 화석 연구에 의거하여, 뉴욕 마운트 시나이 의과대학
병원의 제프리 레이트먼Jeffrey Laitman과 그의 동료들은 후
두의 위치와 두개골의 기본 골격 사이에 놀라운 연관성을
발견하였습니다. 후두가 목 위쪽에 자리 잡은 유인원들은
두개골의 기본 골격이 상당히 납작합니다. 반대로 후두가

목 아래에 자리 잡은 인간의 두개골 형태는 뚜렷하게 아치형을 띠고 있습니다. 호모 에렉투스와 다른 후기 인류 조상의 두개골 화석을 연구한 결과, 레이트먼은 두개골의 기본 골격이 변한 시점이 가장 초기의 호모 에렉투스가 살았던 약 160만 년 전쯤인 것으로 보았습니다. 하지만 네안데르탈인에게 보이는 아치형의 두개골 형태는 현생 인류와 같은 언어 능력을 할 정도로 보기에는 충분치 않은 모습이었습니다.

초기 인류 조상의 뇌에 브로카 영역이 있었는지 없었는지에 대한 증거는 참으로 극적인 방법으로 알려졌습니다. 화석 두개골을 연구하는 과학자들에 의하면, 뇌는 그것이 자리 잡은 두개골의 안쪽 표면에 감추려 해도 감출 수 없는 흔적을 남긴다는 것입니다. 또한 액체 고무 라텍스를 사용해서 뇌 형상을 복제품 모형이나 주물로 쉽게 만들 수 있다고 합니다. 만일 뇌에 브로카 영역이 있었다면, 주물에 의해 만들어진 복제 뇌에 확실히 그 모습이 보일 것입니다. 그리고 약 200만 년이 안 된 호모 하빌리스로 불리는 가장 초기의 인류 종족의 화석 두개골에서 확실히 그 모습이 보였습니다. 물론 호모 하빌리스의 브로카 영역은 현생 인류의 브로카처럼 잘 발달된 것은 아니었습니다. 이것은 호모 하빌리스의 작은 뇌 크기와 연관되어 있었는데, 이를 통해 호모 하빌리스가 가장 기초적인 언어 능력만을 가지고 있었음을 유추할 수 있습니다.

호모 하빌리스에서 시작된 언어생활

화석 두개골에 대한 광대한 연구를 한 미국의 인류학자 랄프 할로웨이Ralph Halloway에 의하면, 호모 하빌리스는 매우 원시적인 언어를 사용했습니다. 하지만 그 언어는 단순한 울부짖음이 아니라 제한적이나마 체계화된 소리의 형태였습니다. 그리고 그 언어 형태는 영장류 사이에서 교류의 차원으로 사용된 것으로 보입니다.

말할 수 있는 언어의 기초적인 능력은 호모 하빌리스가 지구상에 나타난 시점에서부터 시작했다고 하는데, 이는 두개골의 기본 골격과 안쪽 주물에 대한 화석 두개골 연구로부터 밝혀진 것입니다. 후에 훨씬 더 크고 복잡한 뇌를 가진 호모 사피엔스 사피엔스라는 현생 인류의 출현과 함께 정확한 언어 능력이 발달했고, 인류 진화의 과정을 변화시키는 데 결정적 역할을 했습니다.

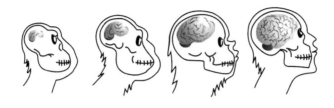

뇌발달과 진화 과정.
왼쪽부터 호모 하빌리스(230만 년 전~150만 년 전), 호모 에렉투스(150만 년 전~30만 년 전),
호모 사피엔스 네안데르탈렌시스(25만 년 전~3만 년 전), 호모 사피엔스 사피엔스(12만 년 전).

하지만 최근의 연구 결과에 의하면, 우리가 초기에 상상했던 것보다 언어 구조가 훨씬 더 복잡했음이 밝혀졌습니다. 예를 들면, 언어를 생산하고 이해할 수 있는 부분이 단지 뇌의 브로카 영역이나 베르니케 영역에만 국한된 것이 아니라는 것입니다. 사실상 현재 우리가 알기로 언어를 사용하기 위해서는 뇌의 모든 부분이 관련된다는 것입니다. 이 사실은 말을 하거나 언어를 이해하는 방향으로 진화되었다는 설명을 하는 데 있어서 매우 중요합니다.

우리는 또한 적합한 종류의 발성기관을 가지고 있고, 높은 수준의 발달된 뇌를 가지고 있다는 사실만으로 말을 할 수 있다고 단정할 수 없음을 기억해야 할 것입니다. 인간은 어떻게 말을 할 수 있는지를 배워야 하는데, 우선 말을 듣고 그 말을 기억하는 감각기관이 잘 발달되어 있어야 합니다. 어린아이는 15개월 즈음에 첫 언어를 내뱉는데, 자라면서 단어들을 주워듣고 그 단어들의 뜻을 알아갑니다. 하지만 다른 사람들이 말하는 언어를 듣지 못한다면 아이는 정상적으로 언어를 배워 나가지 못할 것입니다. 만일 선천적으로 귀머거리 아이가 태어난다면 아무리 완벽한 발음기관과 정상적인 뇌를 가지고 있다 하더라도 일반적인 방법으로는 말하는 법을 배우지 못할 것입니다. 따라서 말을 하고 언어를 이해한다는 것은 태어난 후 일어나는 많은 것들에 의존하는 일임을 우리는 알 수 있습니다. 이것은 학습되지 않고서도 자연스럽게 울거나 웃는 것과 같은 태생적인 능력이 아닌 것입니다.

우리에겐 너무나도 당연한 말하기와 같은 단순한 일상의 활동이 진화상 100만 년이라는 긴 세월이 걸렸다는 사실은 참으로 놀라운 일이 아닐 수 없습니다. 하지만 어떤 시발점이든 간에, 아마도 유전적인 변화이겠지만, 우리의 먼 조상은 새롭고 좀 더 다재다능한 의사소통의 방법을 생각해냈습니다. 정확한 언어 숙달은 현생 인류로 가는 진화의 먼 길에서 엄청난 영향을 미친 중대한 변화였습니다.

❖ 진화에 따른 우리 몸의 변화

- 뇌 : 육식생활을 통한 고단백 음식의 섭취로 뇌용적이 커졌다.
- 두개골 : 늘어난 뇌 크기에 따라 납작한 모양에서 둥글게 솟은 모양으로 변화되었다.
- 대후두공 : 직립보행에 따라 몸의 중심이 중앙으로 이동하여 척수가 지나가는 대후두공이 두개골 뒤쪽에서 중앙으로 이동하였다.
- 척추뼈 : 직립보행에 의한 체중의 분산과 완충 역할을 하기 위해 S자로 휘었다.
- 이빨 : 불에 익힌 음식을 먹음으로써 이빨의 크기가 점차 작아졌다.
- 턱 : 턱이 점차 안쪽으로 들어가 얼굴이 평평해졌다.
- 후두 : 후두가 목 위쪽에서 아래쪽으로 내려가면서 언어적 소통을 할 수 있게 진화되었다.
- 팔 : 나무에 오르기에 적합한 긴 팔 형태에서 직립보행으로 자유로워지면서 팔 길이가 줄어들었다.
- 손 : 마주보는 엄지손가락으로 인해 물체를 붙잡을 수 있게 되었다.
- 골반 : 직립보행을 함에 따라 골반 크기가 줄어들어 출산의 고통이 따랐다.
- 발 : 직립보행에 따라 체중의 충격을 완화하기 위해 엄지발가락이 발달했고, 발가락이 일직선으로 변화되었다.

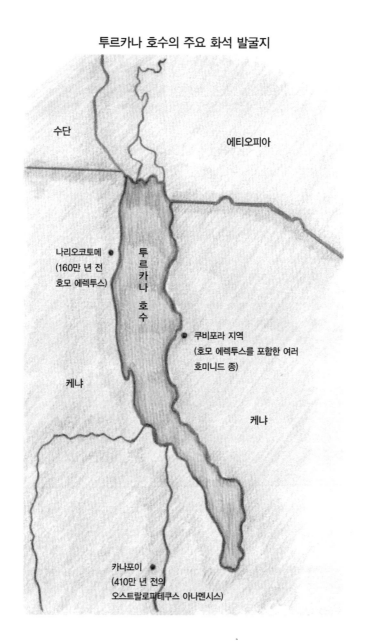

투르카나 호수의 주요 화석 발굴지

수단

에티오피아

나리오코토메 ●
(160만 년 전
호모 에렉투스)

투
르
카
나

호
수

● 쿠비포라 지역
(호모 에렉투스를 포함한 여러
호미니드 종)

케냐

케냐

카나포이 ●
(410만 년 전의
오스트랄로피테쿠스 아나멘시스)

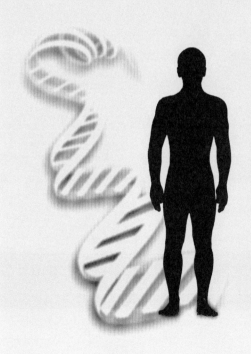

7

최초의
현인을
찾아서

 크로마뇽인 발견

크로마뇽은 프랑스 남서부에 있는 지역입니다. 이곳에
서 1868년 철도 라인을 깔기 위해 땅을 파면서 인부들은
가장 초기 현생 인류인 호모 사피엔스 사피엔스라고 불리
는 화석을 발견하였습니다. 5구의 화석 뼈는 해부학적으
로 확연하게 현생 인류에 속하는 생명체임이 밝혀졌습니
다. 네안데르탈인의 두개골과는 다르게 이 개체들의 두개
골은 높게 솟은 이마와 뚜렷한 뺨과 확연히 줄어든 눈썹
뼈를 가지고 있어 외관상 현생 인류와 거의 차이가 없었
습니다. 이 화석은 발견된 지명의 이름을 따라 '크로마뇽

인Cro-Magnon man'이라고 불렸습니다.

크로마뇽인 화석 옆에서 발견된 레인사슴이나 들소 같은 동물의 화석 뼈를 통해서 우리는 크로마뇽인들이 도구를 제작하는 기술이나 사냥법, 그리고 예술적 활동에서 네안데르탈인보다 훨씬 앞서 나갔음을 알게 됩니다. 또한 두개골 구조를 통해 그들이 현생 인류와 같이 언어로 서로 소통했음을 알게 됩니다.

현생 인류의 어머니, 아프리카 이브

크로마뇽인은 약 3만 5,000년 전쯤 유럽에 정착한 첫 번째 정식 인류입니다. 이와 비슷한 두개골이 이스라엘 카프제라고 불리는 동굴에서도 발견되었는데, '열발광'이라는 기술로 측정한 결과 대략 9만 2,000년 전의 것이었다. 하지만 남아프리카의 한 동굴에서 11만 년 정도 된 인간의 두개골이 발견됨에 따라 그 기원은 대략 10만 년 전 아프리카로 돌아갑니다.

이 연대는 기존에 계산된 현생 인류의 연대보다 훨씬 오래되었을 뿐 아니라 모든 초창기의 인류 진화 이론들을 위협하는 것이었습니다. 일례로 현생 인류가 네안데르탈인보다 더 오래되었다면, 어떻게 현생 인류가 이전에 존재했다고 믿는 네안데르탈인에서 '진화'할 수 있었을까요? 결국 이들은 비슷한 시대를 함께 살았던 서로 다른 종이었습니다. 대부분의 화석인류학자들은 현생 인류종과 네안데르탈인이 같은 혈통인 아프리카의 호모 에렉투스로부터 진화해왔다고 믿습니다.

또 다른 과학자들은 세포의 미토콘드리아 내에 존재하는 DNA라는 유전 물질을 분석해보면 지구상의 모든 살아 있는 인류의 조상은 약 20만 년 전 아프리카에 살았던 한 여성에게로 거슬러 올라간다고 합니다. 세포핵 안에 존재하는 DNA가 각각의 부모로부터 반쪽을 물려받는 것과는 달리, 미토콘드리아 DNA는 변화 없이 어미로부터 자식에게 전달되기 때문에 그러한 추론이 가능합니다.

하지만 미토콘드리아 DNA도 자연적 변화 때문에 시간이 지남에 따라 돌연변이가 생기는데, 이 변화를 유발하는 비율은 다소 일정합니다. 따라서 다른 개체군의 미토콘드리아 DNA의 변종 양을 비교해보면 원 개체군으로부터 변화된 시간을 측정하는 것이 가능합니다. 이 연구로부터 우리 모두는 약 20만 년 전 '아프리카 이브African Eve*'

라는 어미의 공통 후손이라는 것을 알 수 있었습니다.

호모 에렉투스에게서 주목할 만한 변화가 생긴 시기는 40만 년과 20만 년 전 사이였습니다. 약 25만 년 전까지 뇌의 크기가 현격히 커지고 두개골 뼈가 얇아지기 시작하면서 '초기 호모 사피엔스'가 출연하였습니다. 그들은 몇몇 해부학적인 세부 정보를 제외하곤 모든 부분이 현생 인류와 닮았는데, 이들을 '호모 사피엔스 네안데르탈렌시스Homo sapiens neanderthalensis' 또는 네안데르탈인이라고 부릅니다. 12만 년 전에는 '호모 사피엔스 사피엔스' 또는 현생 인류가 출연하였습니다. 따라서 10만 년쯤에는 이 두 아종이 서로 공존하였던 것으로 보입니다.

네안데르탈인은 약 25만 년 전 처음으로 아프리카 대륙에서 대륙 바깥으로 이동했습니다. 현생 인류는 20만 년이 더 지난 후에 그 뒤를 따랐습니다. 1868년 크로마뇽에서 발견된 화석이 바로 현생 인류의 유해입니다.

---

* '미토콘드리아 이브(Mitochondrial Eve)'라고도 불린다. 미토콘드리아의 DNA(mtDNA)는 모계로만 유전된다. 과학자들은 미토콘드리아 DNA의 조상을 약 20만 년 전 아프리카에 사는 여성으로 추정하였고, 이 여성의 유전물질(mtDNA)이 모든 인류에게 전해졌다고 보았다. 이러한 추정을 통해 인류의 뿌리 찾기를 거슬러 올라가는데, 이러한 방법은 생화학으로 인류 진화를 밝히려는 시도였다.

유럽에 도착한 크로마뇽인의 생활

크로마뇽인은 약 3만 5,000년 전쯤 유럽에 도착하였습니다. 이 시기는 후기 구석기 시대 또는 후기 빙하 시대에 해당되고, 현생 인류의 삶과 노동방식에 있어 커다란 변화를 보였던 시기입니다. 이때는 대부분의 유럽이 후기 빙하기 시대로 현생 인류는 이러한 환경에 맞부딪혀 생존을 위한 혁신을 꾀하고 있었습니다.

유럽 곳곳에서 발견된 크로마뇽인 유적의 화석으로부터 인류가 과거의 전 생애를 통해 새로운 아이디어와 실용적인 진보를 이끌어온 흥미로운 사실들을 알게 되는데, 이는 놀라운 일이 아닙니다. 다양한 유적에서 복원된 도구들은 정말로 혁신적인 것들입니다. 후기 구석기 시대 도구 제작자들은 더 이상 거주 지역의 돌들만을 가지고 도구를 제작하지는 않았습니다. 그들은 현대의 칼날과 흡사한 단단하고도 가장자리가 날카로운 날을 가진 특별한 형태의 돌을 사용하였습니다. 크로마뇽인은 네안데르탈인이 같은 양의 돌로 사용할 수 있는 칼날보다 10배나 넘는 칼날을 생산해낼 수 있었습니다.

또 다른 혁신은 석기 도구에 나무나 뼈로 만든 '손잡이'

를 부착하여 사용했다는 점입니다. 이 혁신은 현생 인류가 사용하는 도구처럼 석기 도구를 좀 더 효율적으로 사용할 수 있게 만들었습니다. 결국 우리는 손잡이 없이는 칼, 도끼 또는 낫을 사용할 수 없지 않나요! 크로마뇽인은 이러한 도구를 이전 조상들이 해왔던 식으로 단순히 베거나 긁는 데 사용했을 뿐 아니라 끌로 새기거나 구멍을 내는 도구로도 발전시켰습니다. 이러한 석기 유적은 인도 보팔 근처 빔베트카 동굴 거주지를 포함하여 수백 곳에 이르는 동굴 거주지에서 발견되었습니다.

후기 구석기인들이 보기에 가장 눈에 띄는 혁신들 중 하나는 뼈나 뿔로 만든 창 모양의 무기였습니다. 대략 2만 년 전쯤 이들은 '아틀라틀*atlatl'이라고 불리는 치명적인 투창기를 발명하였습니다. 이 도구는 창에 장착하여 사용하는데, 손으로 던지는 것보다 목표물을 정확하게 맞힐 수 있고 빠른 속도를 낼 수 있게 도와주었습니다.

이와 같이 발전된 살상용 도구를 사용하여 초기 현생 인

---

* 고대 멕시코의 아스텍 말로 투창기를 뜻하며, 후기 구석기 시대에 발명된 도구이다. 2만 년 전 크로마뇽인이 처음으로 개발했다. 투창기는 창의 비거리와 속도를 증대시키며, 그만큼 먹이를 사냥할 때 몰래 다가가야 하는 수렵인에게 유용했다.

초기 현생 인류는 커다란 짐승을 죽이기 위하여 창던지기 기구를 사용했다.

류는 그들의 사촌인 네안데르탈인이 커다란 사냥감을 죽일 때 겪는 치명적인 위험으로부터 벗어날 수 있었습니다. 이들이 그와 같은 발전된 무기를 사용해서 손쉽게 커다란 들소를 죽였다는 증거가 있습니다.

화석 기록들에만 근거하여 과거의 모습을 밝혀내는 과정에서 이 기록들은 종종 우리를 잘못된 길로 안내하기도 합니다. 우리의 먼 조상들이 사용했던 많은 유물들이 화석으로 남아 있지 않기 때문입니다. 예를 들어 직물의 사용은 화석 기록으로는 정보를 알아내기 어렵습니다.

하지만 몇몇 운 좋은 예외가 있긴 합니다. 그런 우연한 발견 중 하나가 1940년대 프랑스의 라스코* 바위 거주지에서 나왔습니다. 그곳에서 지금껏 알려진 것 중에서 최초라고 여겨지는 밧줄과 노끈의 증거가 나왔던 것입니다.

이 지역에서 떠낸 부엽토 샘플에서 삼베나 야자섬유 노끈을 만든 것과 유사한 식물 섬유로 짠 모양을 볼 수 있습니다. 이는 그 시대에 가장 중요한 기술적 진보임에 틀림없습니다. 왜냐하면 밧줄을 만드는 기술을 터득한 사람들은 틀림없이 다양한 방법으로 그 밧줄을 사용할 수 있었기 때문입니다. 예를 들어 밧줄과 노끈으로 그물망과 올가미를 만들어 사냥과 어획 능력을 막대하게 향상시킬 수 있었습니다.

옷을 만들어 입다

몇몇 후기 구석기 시대의 발굴지에서 드러난 바에 의하면, 2만 4,000년 전쯤 직조의 기술이 알려졌다고 합니다.

---

* 프랑스의 몽티냐크 마을에서 발견된 라스코 동굴 벽화가 유명하다. 후기 구석기 시대인 기원전 1만 7,000년경의 벽화와 암각화 8,000점이 보존되어 있다. 1979년 세계문화유산으로 지정되었다.

물론 그 당시 사람들이 입었던 옷이 보존되어 있는 것은
아닙니다. 그것들은 모두 다 썩어 없어졌습니다. 하지만
이들 유적지에서 상아나 뼈로 만든 바늘 샘플이 나왔기
때문에 우리는 그들이 재단한 옷을 입었을 것으로 추측할
수 있습니다.

그 바늘들은 한쪽은 8~10센티미터 길이의 뾰족한 끝이
있고, 다른 한쪽은 바늘귀에 구멍이 있습니다. 오늘날 마
대 자루를 꿰매는 데 사용하는 커다란 금속 바늘과 흡사
한 모양입니다. 바느질에 사용된 '실'은 아마도 동물의 힘
줄이나 긴 식물의 섬유조직일 것입니다. 바느질에 사용된
재질이 무엇이었든지 간에
후기 구석기인들이 재단해서
입은 옷은 동물의 가죽이었
습니다.

상아로 만든 2만 3,000년 된 바늘.

그들이 재단된 옷을 입었
다면 그 모양은 어떠했을까
요? 북러시아 순기르 지방의
2만 4,000년 된 출토지에서
이 옷 모양의 아이디어를 얻
을 수 있습니다. 이곳에서 발

견된 뼈에는 수천의 돌과 상아 구슬들이 덮여 있었는데, 그것들은 사체 위에 입혀진 가죽 옷 위에 바느질 된 것이 었습니다. 발견된 구슬들의 윤곽을 통해서 이 옷이 머리 위로 끌어 당겨 입을 수 있는 튜닉 형태와 한 벌의 바지 및 부츠로 이루어진 형태임을 추론할 수 있습니다.

불의 사용

오로지 고기와 덩이줄기를 굽는 데만 불을 사용했던 네안데르탈인과는 다르게 크로마뇽인과 그들의 동시대 인류는 불을 밝히거나 물을 끓이는 데에도 불을 사용했습니다. 그들이 사용한 램프는 움푹 파진 모양의 석회암 판으로 만들어졌습니다. 불을 밝히기 위해 기름 대신에 이끼 또는 노끈 심지를 붙인 동물의 지방을 사용하였을 것입니다. 이러한 석회석 램프 수백 점이 유럽의 후기 구석기 시대 유적지에서 발견되었습니다. 발견된 화산재 침전층은 나무와 동물 분비물이 주된 연료로 사용되었음을 보여줍니다.

램프뿐 아니라 이들 초기 인류는 물을 끓이는 독특한 방법도 개발하였습니다. 요리 냄비가 없는 상태에서 그들이 사용한 방법은 매우 단순하였습니다. 불 위에 물이 담긴 냄비를 놓는 대신 빨갛게 달구어진 자갈을 굴곡이 진 웅덩이 안 고인 물속에 넣었습니다. 웅덩이 모양이 여러 지역에서 발견된 것으로 보아 이러한 기술이 널리 사용되었음을 알 수 있습니다. 이 웅덩이 안에는 물로 인해 빨갛게 달구어진 돌이 갑자기 식을 때 나타나는 균열 띤 조약돌들로 가득 채워져 있었습니다.

또 다른 주목할 만한 점은 초기 인류가 유럽의 추운 고산지대에서 특별히 겨울에 난방을 피울 때 어떻게 연료를 축적하는지를 알고 있었다는 것입니다. 프랑스와 우크라이나에서 초기 인류가 살았던 거주지의 3분의 2 이상이 남쪽을 향한 곳에 자리 잡고 있었습니다. 그들은 남쪽 방향이 낮 동안 태양으로부터 열을 흡수하고 밤에는 보다 천천히 열을 방출한다는 사실을 분명히 알고 있었습니다.

현생 인류와 같이 이들 초기 인류는 강이나 호수 같이 물 급수원이 가까운 곳에서 살기를 선호했습니다. 그들은 보통 물 근처에 있는 동굴이나 바위 거주지에서 살았습니다. 하지만 종종 동굴이나 바위 거주지로부터 수 킬로미터 떨어진 노천 거주지도 많이 발견되었습니다. 유럽에서 발견된 90퍼센트 이상의 거주지 유적은 샘 주변이나 강둑과 개천 주변에 위치한 것으로 여겨집니다.

노천 거주지의 유적으로 볼 때 이들 초기 인류는 안전하고 편안하게 그들의 거주지를 지었음을 알 수 있습니다. 거주지는 조약돌이나 돌들로 다듬어진 기반 위에 조심스럽게 세워졌습니다. 처음에는 나무기둥이나 짐승의 뼈 위에 동물의 가죽을 덮어 만든 단순한 원뿔 모양의 텐트 구조 이상이 아니었을 것입니다. 하지만 1만 5,000년 전 경이로운 건축적 디자인이 발견되었습니다.

우크라이나에서 발견된 12개 이상의 거주 유적지로부터

매머드 뼈로 만든 거주지는 초기 인류 조상들의 건축학적 기술을 증명한다.

우리는 초창기 건축 재료가 현대 코끼리의 조상인 털복숭이 매머드의 뼈였음을 알 수 있습니다. 거대한 95마리의 매머드 뼈가 단지 7평 크기의 거주지를 만들기 위해 사용되었습니다. 한 계산에 의하면 10명의 남자와 여자가 6일 만에 2만 1,000킬로그램의 뼈를 사용하여 그러한 집을 만들 수 있다고 합니다. 흥미롭게도 이러한 뼈들은 사냥한 동물로부터 나온 것이 아니라 주변에서 모은 오래전에 죽은 사체의 뼈에서 수집한 것으로 추정됩니다. 이것이 아마도 자연 소재를 이용하여 풍부한 상상력을 발휘한 건축학적인 구조물의 가장 초창기 예라 할 수 있겠습니다.

전 세계로 이동한 호모 사피엔스

유럽과 동남아시아로 퍼진 후 현생 인류의 인구는 새로운 대륙, 즉 북쪽으로는 북아메리카, 남쪽으로는 오스트레일리아까지 이동하였습니다. 이 두 대륙에서 발견된 유적지의 석기 도구들을 보면, 약 5만 년 전에 우리 조상들은 동아시아에서부터 적어도 100킬로미터의 망망대해로 항해하면서 처음에는 오스트레일리아에 도착했고,

(그런 다음 대륙 간 다리에 의해 연결된) 뉴기니에 도착했습니다. 이들 첫 정착민들은 뗏목이나 배를 만드는 방법에 대해 분명히 알고 있었습니다. 호주의 다양한 지역에서 발견된 발달된 형태의 석기 도구는 주로 여러 종류의 손다듬질용 도구였습니다.

북아메리카로의 이주는 훨씬 후대인 약 1만 5,000년 전에 육로를 통해서 이루어졌습니다. 과거 빙하 기록과 계속된 해수면 하강을 통해 우리는 2만 5,000년 전부터 1만 2,000년 전까지 아시아 대륙과 북아메리카 대륙이 오늘날 베링 해에 위치한 '베린지아Beringia'라고 불린 연육교로 연결되어 있음을 알 수 있습니다. 소수의 아시아 사냥꾼과 그들의 가족은 계절적 이동 기간 중에 맘모스 무리를 따라 북아메리카로 건너왔을 것입니다. 약 1만 2,000년 전쯤 해수면이 다시 상승했을 때 어떤 이주자들은 알래스카에 돌아가서 정착했고, 나중에 남하하여 북아메리카와 남아메리카의 나머지 지역을 차지하였습니다.

북부와 남서부 아메리카에서 발견된 많은 발굴 현장에서 정교한 석기 도구와 맘모스 및 들소의 뼈가 출토되었는데, 이는 첫 아메리카인의 기술적인 능력을 증명해주는 것입니다. 하지만 그들의 기술적 성과보다 초기 인류의

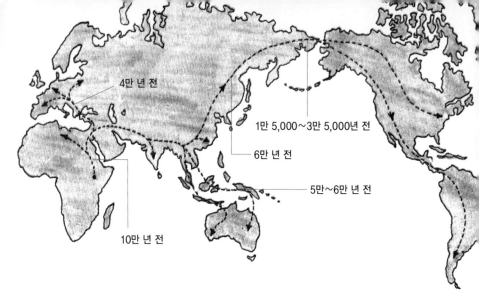

4만 년 전

1만 5,000~3만 5,000년 전

6만 년 전

5만~6만 년 전

10만 년 전

약 1만 2,000년 전 현생 인류는 거의 모든 대륙으로 퍼져 나갔다.

삶을 이해하는 데 더 중요한 점은 그들이 예술적으로 놀
라운 작품들을 그 당시에 이미 제작했다는 점입니다. 대
단한 동굴 벽화들과 섬세한 조각품들이 전 세계의 많은
유적지에서 발견되었습니다.

8

최초의
예술가를
찾아서

 인간은 언제 처음으로 예술 활동을 시작했을까?

예술은 어떤 형태든 인간의 창조력에 대한 표현입니다.
예를 들어 설명한다면 예술은 사냥과 같이 생존을 위한
행위가 아닌 것입니다. 초기 인류 조상은 돌을 쓸모 있는
도구로 만들기 위해 다듬었지 호기심이나 어떤 것을 아름
답게 꾸미기 위해 만든 건 아니었습니다. 그들은 먹잇감
을 사냥하기 위한 필요성 때문에 돌을 다듬었던 것입니
다. 네안데르탈인의 매장지에서는 죽은 몸을 치장하기 위
해 붉은 안료를 사용한 흔적이 보이는데, 이는 가장 기본
적인 초기 예술의 증거라고 할 수 있습니다.

인간의 창조 활동이 진정으로 꽃을 피운 것은 약 3만 5,000년 전 후기 구석기 시대에 현생 인류가 처음 유럽과 아시아에, 그 후 오스트레일리아와 북아메리카에 정착하기 시작했을 때 나타나기 시작했습니다. 이유는 알 수 없지만 유럽과 아시아에 흩어져 있는 네안데르탈인은 몇몇 문화적인 혁명을 겪었습니다. 역사상 처음으로 인간은 그들 자신과 그들 주변의 동물들에 대한 상징을 만들어내기 시작했습니다. 그들은 자신들이 거주하던 동굴과 바위 거주지에 그 상징들을 새겨 넣었습니다.

그림과 조각과 같은 매우 아름다운 예술품들이 유럽, 아시아, 오스트레일리아 등지에 흩어져 있는 수천의 동굴과 바위 거주지에서 발견되었습니다. 이들 작품에는 프랑스, 스페인, 인도, 오스트레일리아에서 발견된 동굴 벽화와 프랑스, 독일, 시베리아에서 발견된 정교하게 조각된 얕은 돌을새김 석조상들, 그리고 여러 유적지에서 발견된 상아 조각상 및 뼈 장식물들이 있습니다. 프랑스에서 발견된 후기 구석기 유적지에서는 약 2만 5,000년 전 새 뼈로 만들어진 플루트가 출토되었는데, 이는 인류의 창조적인 활동 중 하나인 음악에 대한 초기 증거로 알려져 있습니다.

초기 인류의 독창적인 조각상들

후기 구석기 유적지에서 발견된 가장 오래된 예술품 중에는 조각상들이 있는데, 이 작품들은 디자인과 솜씨 면에서 초기 인류의 뛰어난 독창성을 보여줍니다. 2만 6,000년쯤 창조적이고 높은 예술적 기술을 한껏 뽐낸 상아 및 맘모스 뼈에 새긴 인간 모양의 가면이 이전 체코슬로바키아와 프랑스에서 발견되었습니다. 체코슬로바키아의 유적지에서 불에 구운 인간과 동물 모양의 찰흙 조각상들이 출토되었는데, 이는 초기 토기 예술의 증거로 볼 수 있습니다.

널리 알려진 이 조각상들은 후기 구석기인들의 독특한 예술적 기술을 보여주고 있습니다. 유럽의 여러 다른 유적지에서는 수십 개의 비너스 상들이 발견되었습니다. 이 비너스상들은 사춘기부터 임신, 나이 든 여성까지 여성의 여러 단계를 표현하고 있습니다. 하지만 얼굴 형태는 거의 표현되지 않았고, 크고 축 늘어진 가슴이 두드러져 있습니다. 현대 미술에서도 손쉽게 표현되곤 하는 이러한 모습들은 아마도 풍요의 신을 상징하기 위해 사용되었을 것입니다.

(왼쪽) 브라상푸이의 비너스 조각상으로 알려진 2만 5,000년에 조각된 상아 두상이 프랑스에서 발견되었다.
(중앙) 시베리아에서 상아로 만든 1만 5,000년 된 비너스 형상.
(오른쪽) 맘모스 상아로 조각된 2만 6,000년 된 두상.

새롭고 극적인 예술 형태로 얕은 돋을새김의 형태가 2만 2,000년과 1만 8,000년 전 사이에 주를 이루었습니다. 손쉽게 작업할 수 있는 석회암에 조각을 함으로써 대단히 아름다운 얕은 돋을새김 양식이 프랑스 동굴에서 발견되었습니다. 여기에는 말, 들소, 순록, 산양, 그리고 적어도 한 명의 인물상이 묘사되어 있습니다.

조각과 얕은 돋을새김의 기법은 매우 귀엽고 사랑스럽지만, 초기 인류가 가장 많이 예술적 능력을 표현한 기법은 다채로운 벽화의 형태로 나타납니다. 이러한 벽화 예술은 유럽, 아시아, 남아메리카, 오스트레일리아의 동굴 및 바위 거주지에서 볼 수 있습니다. 붉은색, 적갈색, 갈색, 검은색의 색조로 이루어진 이 벽화 그림들은 수천 킬로미터가 떨어져 있는 곳에서 발견된 그림에서조차 같은 양식의 동물 형태가 보이고, 전체적인 구성방식에서도 유사성을 가지고 있다는 점이 두드러집니다.

프랑스의 라스코 동굴 발견

1940년 9월 12일, 우연한 기회에 프랑스 남서부의 라스코에서 가장 크고 중요한 동굴 벽화가 발견되었습니다. 네 명의 십대 소년은 몽티냐크 마을을 바라보는 언덕에 있는 나무에서 놀다가 커나란 나무 뿌리 사이에서 어둡고 깊은 구멍을 발견하였습니다. 대담하게도 네 명의 소년은 그 구멍 안쪽에 무엇이 있는지 확인해보고자 했습니다. 그들은 로프와 칼, 그리고 직접 만든 기름 램프를 마련하여 입구 쪽에 있는 돌들과 덤불들을 치우면서 어둠의 장막 뒤에 무엇이 놓여 있는지도 모른 채 차례로 한 명씩 동굴 속으로 들어갔습니다. 곧이어 어두운 동굴 벽에 기름

약 1만 7,000년 전 후기 구석기 예술가들에 의해 그려진 프랑스 라스코 동굴의 이상한 동물.

라스코 동굴의 들소.

램프로 빛을 비추자 깜빡거리는 불빛 아래 동물의 형상과 비슷한 것들을 보게 되었습니다. 그들이 우연히 발견한 것은 지금껏 발견된 선사시대의 예술품 중에서 가장 위대한 보물 중의 하나였습니다. 이 그림들은 예외적일 만큼 생생하고 값진 것으로 1만 7,000년 전 정도의 아주 오래된 것이었습니다.

그러한 놀라운 그림을 그린 동굴 벽화 화가들은 불을 밝히기 위해 동물 기름 램프를 사용했을 것이고, 5미터 높이의 그림들이 그려져 있는 벽 천장에 닿기 위해서는 작업용 계단 같은 것을 사용했을 것입니다. 몇몇 동굴에서는 작업대로 사용된 나뭇가지들을 받치던 돌 벽의 구멍들을 여전히 볼 수 있습니다.

동굴 화가들은 붉고 노란 염료를 띤 광물질, 산화망간, 적철광과 다른 광석들을 사용해서 그림을 그렸고, 종종 다른 여러 가지 색을 내기 위해 이 물질을 불에 굽거나 갈거나 혼합하였습니다. 방수를 위해서는 동물의 지방을 함께 섞었을 것입니다. 종종 염화칼슘이 용해되어 있는 동굴의 물을 사용하여 그림의 내구성을 높이기도 했습니다. 그림을 그릴 때는 나뭇가지나 손가락을 사용했습니다. 때때로 침이 섞인 염료는 입으로 뿜어서 분사되었습니다.

이것은 많은 후기 구석기 유적지의 동굴 벽화를 장식한 손자국 그림을 그리기 위해 사용된 방법입니다.

라스코 동굴 벽화에는 600점 이상의 그림과 거의 1,500점의 암각화가 있습니다. 이곳에 묘사되어 있는 동물들로는 큰 황소, 검은 말, 검붉은 사슴, 그리고 상상의 동물인 유니콘까지 있습니다. 하지만 단지 인간은 한 명만 그려져 있습니다. 이와는 크게 대조적으로 인도의 바위 거주지에서 발견된 그림에는 인간의 형상이 매우 많이 그려져 있습니다.

인도, 오스트레일리아, 브라질의 동굴 벽화

암각화가 그려진 몇몇 동굴 거주지가 인도에서도 발견되었습니다. 싱한푸르에 그려진 암각화에서는 말과 사슴을 사냥하는 장면이 그려져 있고, 사람이 가면을 쓰고 춤을 추는 장면이 묘사되어 있습니다. 우타르 프라데시 주의 미르자푸르 지역에 있는 카이무르 지방에서 발견된 바위 거주지 그림에서는 작살로 무장한 남자들이 코뿔소를 공격하는 사냥 장면이 보입니다. 벨라리 지역의 바위 거주지에서는 동물 그림들이 20군데 이상 보이고, 창과 방패로 무장한 남자들이 사냥하고 있는 모습이 보입니다.

가장 흥미로운 발견은 보팔에서 남쪽으로 45킬로미터 떨어져 있는 언덕 꼭대기 지역의 빔베트카에서 나왔습니다. 이곳에는 200기 이상의 바위 거주지가 있고, 그중 130기에는 선사시대 그림이 그려져 있는데, 이곳은 인도의 석조 예술을 열성적으로 탐험한 와칸카V. S. Wakankar에 의해 발견된 곳입니다. 대부분 붉은색과 흰색으로 그려진 빔베트카 그림들은 인도의 초기 예술의 기록이자 1만 5,000년부터 8,000년 전 사이에 그 지역에 살았던 동물들의 삶이나 환경에 대한 생생한 정보를 보여줍니다. 여기

인도 빔베트카 동굴 벽화에는 활과 화살, 그리고 창으로 사냥하는 모습이 보인다.

빔베트카에서 발견된 코끼리를 타고 있는 사람.

인도의 빔베트카에서 1만 년 전에 그려진 동굴 벽화.

에는 코뿔소, 호랑이, 코끼리, 버펄로와 야생 황소들이 보입니다.

라스코 벽화와는 달리 빔베트카의 벽화는 인간들의 모습으로 가득 차 있습니다. 그림들은 인간들이 말과 코끼리를 타고 있는 모습을 묘사하고 있는데, 그들 중 몇몇은 사냥을 하고 있는 듯한 모습으로 보입니다. 또한 창이나 활과 화살, 그리고 덫을 사용하는 다양한 사냥 방법이 묘사되어 있습니다. 또한 드럼과 함께 춤을 추는 댄서들의 모습도 보이는데, 이러한 모습은 오늘날 수많은 소수민족 사회에서 흔히 볼 수 있는 모습입니다.

1만 년 전으로 추정되는 수천 점의 벽화가 오스트레일리아 북부 지역에서도 발견되었습니다. 여기에서도 역시 그 당시 지역에서 발견되는 캥거루, 악어, 에뮤(큰 새로 빠르게 달리기는 해도 날지는 못함) 태즈메이니아 호랑이, 그리고 레인보우 뱀 같은 동물들이 묘사되어 있다. 또한 정교한 머리 장식으로 무장한 전사자와 창 던지는 사람이 묘사되어 있으며, 수천 년간 오스트레일리아 원주민이 사용해왔던 부메랑도 묘사되어 있습니다.

페드라 후라다 바위 거주지로 불리는 브라질 북동쪽에 위치한 유적지에서는 적어도 1만 년 전으로 거슬러 올라가는 그림들이 발견되었습니다. 이 그림들은 아메리카에서 발견된 동굴 예술품 중에서 가장 오래된 것입니다.

주술적 의식이 담긴 원시 예술

프랑스에서 발견된 대부분의 동굴 벽화에서 볼 수 있는 한 가지 특이한 점은 상대적으로 접근하기 어려운 곳에 있다는 것입니다. 대부분의 그림들이 힘들게 가야만 닿을 수 있는 동굴 깊은 안쪽에 자리 잡고 있습니다. 또 다른 흥미로운 점은 그려진 동물들의 6분의 1 가량이 창에 찔리거나 부상을 당하는 것으로 해석된다는 것입니다. 몇몇 연구기관에 따르면, 이것은 벽화나 암각화가 우리가 한때 생각했던 단순한 예술 작품 그 이상임을 의미한다고 합니다. 아마도 후기 구석기인들에 의한 '공감 주술'로 알려진 의식적 행위일 것입니다.

이 예술 작품을 통해 그들은 사냥감의 숫자가 늘어나길 빌었으며, 사냥이 성공하기를 빌었을 것입니다. 그들은 이 의식을 통해 포식자에 대한 주술적 통제를 행했던 것으로 보입니다. 예술가들은 그들이 그려놓은 동물들에게

들소 머리의 얕은 돋을새김은 1만
6,000년 전 인류 조상이 만들었다.

주술적으로 창을 던진다든가 동물들의 옆구리에 부상을
입힘으로써 그들을 '죽였습니다.' 그림 속에 보이는 추상
적 형상은 덫이나 올가미로 해석되는데, 의식을 통해 그
려진 동물들을 잡으려고 한 것 같습니다.

  땅속 깊은 곳의 동굴 예술은 소년 소녀의 성인식과 같은
어떤 사회적 제의식을 행한 증거이기도 합니다. 프랑스
피레네 산맥의 르 뛱 도두베흐에 있는 지하 깊은 동굴 안
쪽에서 1만 5,000년 된 암수 한 쌍의 들소 진흙 모형이 짝
짓기를 하는 모습으로 발견되었습니다. 방 근처에서는 몇

프랑스 피레네 산맥의 동굴에서 발견된 1만 5,000년 전 진흙으로 조각된 들소.

몇 젊은이들의 발자국이 진흙에 찍혀 굳은 채 발견되었는데, 아마도 성인식 동안에 제의적인 춤을 추면서 남긴 기록일 것이라고 추측됩니다. 이와 같이 추측해보면 선사시대의 예술은 결국 단순히 창조적인 행위가 아니라 목적을 가진 행위였던 것입니다.

동기가 무엇이었든지 간에 후기 구석기인의 예술적 전문성은 2만 6,000년 전부터 9,000년 전 사이 프랑스와 스페인에서 정점을 이루었는데, 돌과 뼈, 상아와 진흙으로 조각된 사실적인 대작들을 그 증거로서 들 수 있습니다. 그들은 또한 목각 공예에도 뛰어났을 것으로 추측되는데,

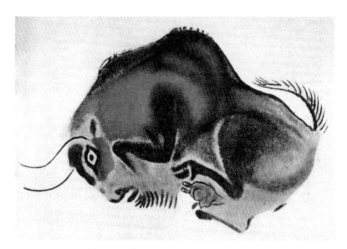

1879년에 발견된 스페인의 알타미라 동굴에 그려진 약 1만 5,000년 전 들소.

불행히도 오늘날까지 남아 있는 증거는 없습니다. 세월의 참화를 견뎌낸 것들로부터 확실하게 말할 수 있는 것은 그들이 매우 훌륭한 예술가였다는 것입니다. 특별히 동물의 형태를 묘사할 때가 그러했습니다. 그런 훌륭한 동물 예술은 후대에 농경문화가 도래할 때까지 다시는 보이지 않았습니다.

9

최초의
농경민을
찾아서

 ## 방랑생활에서 정착생활로

현생 인류의 탄생 순간이 언제인지 단정 짓는 것은 어려
운 일입니다. 관습적으로 우리는 파리 근처 크로마뇽 지
역의 인부들이 철도 라인을 파면서 발견한 4만 년 전 유골
이 현생 인류의 첫 번째 예라고 생각합니다. 하지만 모든
사람이 동의하는 것은 아닙니다. 현생 인류가 정말로 도
래한 것은 농경생활이 완전히 정착된 이후라고 주장하는
이들도 있습니다. 그럴지도 모르는 일입니다. 왜냐하면
인간이 채집이나 사냥과 같은 방랑생활을 포기하고 정착
의 삶을 살고 나서야 문명이 번성했기 때문입니다. 정착

의 삶을 통해 위대한 문명이 발생했고, 인간은 예술가, 과학자, 시인, 소설가, 탐험가가 되어 세상의 운명을 영원히 바꾸어버렸습니다.

2만 년 전쯤 당시 지구 구석구석에 퍼져 있던 우리 조상은 주로 야생동물을 잡는 사냥꾼이거나 야생식물 등을 채취한 채집가였습니다. 수천 년이 흐른 뒤 인류는 좀 더 지혜로워졌습니다. 무엇보다도 약 1만 년 전까지는 사회적, 문화적 구조가 복잡하고 다양해져서 세계를 변화시키기에 이르렀습니다.

1만 2,000년 전쯤 마지막 빙하기가 전 대륙에서 그 모습을 감추었습니다. 북유럽을 덮고 있던 광대한 얼음덩어리들이 물러갔고, 기후는 좀 더 살기 좋게 바뀌었습니다. 우리의 조상들이 새로운 능력을 발견하기 시작한 것도 이때쯤이었습니다. 더 이상 야생식물을 채집하는 대신에 씨를 뿌려 농작물을 재배할 수 있는 기술을 터득한 것입니다. 이것이 농경의 시작이었습니다.

유럽에서는 빙하가 물러남으로써 농경이 가능해진 것이 중요한 요소이긴 하지만, 그것이 유일한 요소는 아니었습니다. 다른 곳에 사는 사람들도 거의 비슷한 시기에 이 새로운 방식의 삶을 시작했습니다. 중앙아메리카, 지중해

남동쪽 끝단, 그리고 남아시아 일부에서 약 1만 년 전부터 원시 농경이 시작되었다는 고고학적 증거가 있습니다. 거의 같은 시기에 인류는 또한 개와 양과 염소 등과 같은 동물들을 사육하기 시작했고, 양과 염소에서는 우유와 고기를 얻을 수 있었습니다. 음식의 공급과 함께 갑자기 풍부한 삶을 보장 받게 되었고, 이는 인류에게 새로운 방식의 정착 생활을 가능하게 해 주었습니다.

농업혁명을 일으킨 밀의 출현

기후적 요소 외에 농업혁명을 일으키게 한 또 다른 중요한 자연적 요소로 씨가 크고 주렁주렁 달린 밀의 출현이었습니다. 거의 1만 년 전쯤 밀은 오늘날과 같은 풍성한 식물이 아니었습니다. 그것은 서아시아에서 다량으로 자라고 있는 여러 야생 작물 중의 하나였습니다. 그 뒤 어떤 우연한 유전적 사건으로 인해 이 야생 밀이 다른 변종과 교잡하게 되어 염소풀이라고 불리는 통통한 씨를 만들어 냄으로써 생산력이 증대된 잡종의 형태를 띠게 되었습니다. 이것이 바로 '에머밀Emmer'이라고 불리는 밀 변종입니다. 이 종은 일반 야생 밀이 14개의 크로모좀(염색체)으로 되어 있는 것에 비해 28개의 크로모좀을 가지고 있습니다. 일반적으로 빵을 만드는 데 사용되는 야생 밀은 42개의 크로모좀을 가지고 있는데, 이는 에머밀이 다시 야생의 염소풀과 교배하여 생긴 것으로 좀 더 후대에 나왔습니다. 자연적인 밀의 교배와 인간의 노동력에 대한 행복한 결합이 농경이라는 활동에 중요한 도화선이 된 것입니다. 다시 말해 이것이 인류 문명화의 시초가 되었습니다.

농경의 탄생지는 현재 우리가 알고 있는 이스라엘, 요르단, 이라크, 카스피 분지 및 인접해 있는 이란 고원인데, 일반적으로 '비옥한 초생달'이라고 알려진 서아시아의 언덕이었습니다. 두 가지 주요 야생 곡물인 밀과 보리, 그리고 염소, 양, 돼지, 소와 같은 가축들도 이 지역에서 발견되었습니다. 이 지역은 비옥한 토지와 함께 농사에 필요한 모든 요소를 갖추고 있었던 셈입니다. 그러나 그들이 어떻게 씨를 뿌려 농작물을 자라게 할 생각을 하게 되었는지에 대해서는 정확하게 알려진 바가 없습니다. 아마도 초기 정착민들은 기존에 자라고 있던 밀을 수확하기는 했으나, 처음에 어떻게 씨를 뿌리고 경작해야 하는지는 알지 못했을 것입니다. 그러다가 우연히 밀의 씨를 흩뿌리

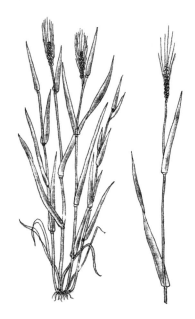

원시 사회의 밀 품종.

게 되었고, 나중에 거기서 싹이 자라자 씨를 뿌려 경작하
는 개념을 얻었을 것으로 추정합니다.

농업혁명과 도구의 발전

농업혁명과 더불어 가축의 사육이 자연스럽게 파생되었
습니다. 양, 염소, 소와 같은 사육동물은 우유와 고기를 제공하고, 그들의 배설물은 풍성한 거름 비료로 사용되었습니다. 양과 염소의 털은 옷감을 짜는 데 사용되었고, 소는 쟁기를 끌거나 짐을 운반하는 데 이용되었습니다.

농경이 발생하기 시작할 무렵 초기 인류의 도구 제작에 있어서도 새로운 혁신이 불기 시작하고, 이로부터 신석기 시대가 도래합니다. 이 시대는 가장자리가 날카로운 형태를 띤 돌도끼와 더욱 발전되고 윤이 나는 석기 도구가 있었습니다. 이들 정교한 도구로 인해 신석기인들은 숲에서 생활의 발판을 얻을 수 있었습니다.

숲속 빈터에서 초기 농부들은 작물을 경작하기 시작했습니다. 종종 그들은 나무를 불태워 쓰러뜨린 다음 뾰족한 막대기를 찔러 넣은 곳에 곡물의 낟알을 심었는데, 이는 오늘날 인도의 많은 언덕에 사는 부족에 의해 여전히 행해지고 있는 방식입니다.

나중에 나무 손잡이가 달린 석기 호미가 발명되었습니다. 곡물의 씨 뿌리기는 대부분 여성들의 일이었고, 이 여성들이야말로 진정한 농경의 창시자였을 것입니다. 가축이 사용되고 쟁기가 발명되고 나서 한참 후에야 여성들은 농경의 힘든 노역으로부터 자유로워질 수 있었습니다. 인도의 많은 지역에서는 현재까지도 쟁기질은 남성이 하고,

쟁기 뒤를 따라가면서 고랑에 씨를 떨어뜨리는 것은 여성의 몫입니다.

기원전 4,000년쯤 서아시아 동쪽 지중해 연안에서 농경은 인류의 가장 중요하고 생산성 있는 산업으로 발전했습니다.

인더스 문명과 농경생활

인도에서 농경은 기원전 2,500년경 인더스 계곡 문화의 거주민들에 의해 처음 시작되었습니다. 당시 비옥한 충적 토양과 열대 강우 기후, 그리고 인더스의 물줄기는 많은 재배 작물의 성장에 좋은 요소가 되었습니다. 사실상 역사학자들에 의하면, 인더스 문명의 경제는 농업 생산에 바탕을 두고 있다고 하는데, 상당히 일리가 있는 말입니다. 하지만 메소포타미아와 달리 인더스 계곡의 사람들은 쟁기를 사용할 줄 몰랐습니다. 그들은 대신 땅을 갈아엎기 위해 뾰족한 이가 있는 써레를 사용하였습니다.

인더스 강에서는 주로 밀, 보리, 면화와 완두콩을 재배하였습니다. 인더스 농업의 흥미로운 점은 모헨조다로에

이집트 그림에 나타난 쟁기의 초기 모습.

서 발견된 밀의 화석이 현재 인도의 펀자브 지역에서 여전히 경작되고 있는 작물과 같다는 것입니다.

농경의 전파는 집짓기, 항아리 만들기, 바구니 세공법 및 직조기술과 같은 여러 다른 활동들을 함께 파생시켰습니다. 정착된 삶은 영구적으로 살 수 있는 장소를 필요로 합니다. 따라서 태양으로 말린 진흙 벽돌을 사용하여 집 짓는 기술이 나타났습니다. 이런 벽돌로 담을 쌓는 방법이 서아시아와 중국에서 유행하였습니다. 석회 회반죽으로 벽들을 쌓아 올렸고, 이 방법은 인도 및 다른 많은 나라들의 마을에서도 여전히 행해지고 있습니다.

토기의 다양한 활용

농업 생산량이 풍부해짐에 따라 저장의 문제가 발생했습니다. 진흙으로부터 항아리 만들기와 같은 또 다른 혁신이 일어났는데, 항아리는 곡물을 저장하거나 음식을 만드는 용기로 사용되었습니다.

서아시아에서 발견된 증거에 의하면, 첫 번째 토기는 기원전 6,000년쯤 진흙으로 만들어진 수재 공예품이었습니다. 토기를 만드는 데 있어 물레의 사용은 그보다 훨씬 뒤에 나타났습니다. 무엇보다 중요한 점은 토기를 좀 더 강하고 내구성 있게 만들기 위해 불에 구울 줄 알았다는 것입니다.

불을 사용하여 만들어진 토기들은 곡물을 안전하게 보관할 수 있었을 뿐 아니라 음식을 만드는 방법 자체를 바꿀 정도로 중요한 역할을 해왔습니다. 또한 음식을 만드는 데 사용되었고, 더 나아가 네안데르탈인처럼 단순하게 불 위에서 굽는 것 이상을 가능하게 하였습니다. 이는 인류에게 이전에는 결코 달성하지 못했던 식사 수준을 높여 주었습니다.

신석기 시대의 또 다른 중요한 혁신들 중에는 바구니 세공법과 직조기술을 들 수 있습니다. 바구니 세공법 또한 서아시아에서 처음 그 모습을 드러냈고, 직조기술의 발전에도 영향을 미쳤을 것으로 보입니다. 둘 다 가로와 세로를 엇갈려 짜는 동일한 형식이 눈에 띄기 때문입니다.

이런 일련의 사건은 경작한 곡물을 처음 수확한 이후에 진행되었을 것으로 여겨지지만, 모든 전문가가 동의하는 것은 아닙니다. 일례로 미국의 고고학자인 루이스 빈포드는 농업의 발견으로 나온 이런 많은 성과들이 사실은 서로 다른 원인에서 자연스럽게 흘러나왔다고 합니다. 농업 혁명 이전에 바다에 의존하여 사는 사람들은 어획한 물고기들을 저장하기 위해 처음 토기를 사용했을 것이며, 또한 사냥하고 채집하는 일을 포기하고 농업으로 정착하기 오래전에 이미 농경에 대한 지식과 재배된 식물들이 있었을 것이라고 주장합니다.

농업혁명이 이끌어낸 문화적 진보

순서야 어찌되었든 간에 기원전 3,000년경 인류는 예술, 음악, 문학, 과학 및 기술 등 수많은 분야에서 꽃을 피웠고, 이후 천 년 동안 다양한 길을 개척하였습니다.

이전 200만 년 동안에 이루어진 성과와 비교해보면, 농업혁명이 시작된 이래로 지난 1만 년 동안 인류가 얼마나 빠르게 변화해왔는지를 본다면 놀라게 될 것입니다. 손에 돌을 쥔 작고 어두운 생명체인 오스트랄로피테쿠스로부터 초기 인류로 진화하는 데 적어도 200만 년이 걸렸습니다. 이것은 생물학적 진화의 속도입니다. 그 후 언어의 등장과 함께 후기 구석기 시대에 꽃 피웠던 동굴 예술이 절정에 다다르면서 모든 것이 바뀌었습니다. 하지만 이것은 인류가 정착생활을 배우고 농경생활을 하면서 이룩한 성과에 비할 바가 아닙니다. 인류는 비로소 방랑생활의 격정과 시련에서 자유로워지자 자신의 에너지를 좀 더 창조적이고 생산적인 활동으로 영역을 넓혀 문화적 진보를 뿌리 내릴 수 있었습니다. 이런 의미에서 농경의 시작은 진실로 현생 인류의 탄생을 의미하는 것입니다.

10

화석의
연대 측정은
어떻게 할까?

 방사선 동위원소란 무엇인가?

화석 기록으로 과거를 탐험하는 과학자들은 여러 방법을 사용하여 그 화석이 얼마나 오래되었는지를 밝혀냅니다. 대부분의 연대 측정 방법은 방사선 동위원소*를 이용한 반감기 측정법에 의해 이루어집니다. 방사선 동위원소

* 양성자 수는 같지만 중성자 수가 다른 원자핵들을 동위원소라고 한다. 원소의 원자핵은 양성자와 중성자의 수에 따라 안정한 에너지의 상태가 되기도 하고, 불안정한 에너지의 상태가 되기도 한다. 불안정한 에너지 상태의 원자핵들은 여러 가지 입자와 전자기파를 내놓고 안정한 에너지 상태의 원자핵으로 바뀐다. 이런 불안정한 상태의 원소를 방사선 동위원소라 하고, 이때 나오는 입자나 전자기파를 방사선이라 한다.

란 원자핵 안에 고유의 숫자보다 좀 더 많은 중성자를 가진 일반적인 원자의 동위원소입니다. 모든 방사선 동위원소는 불안정한 원자이며, 알파, 베타 또는 감마선의 형태로 방사선을 방출합니다. 그 과정에서 방사선 동위원소는 좀 더 안정적인 원자로 바뀌게 됩니다.

방사선 동위원소가 특별한 점은 그들 각각이 붕괴하면서 일정한 비율로 각각의 고유성을 가진 안정한 원자로 변한다는 것입니다. 과학자들은 이 붕괴 시간을 특정 방사선 동위원소의 '반감기'로 표현합니다. '반감기'는 측정하고자 하는 화석 안에서 방사선 동위원소의 숫자가 반으로 소멸할 때까지 걸리는 시간을 의미합니다. 그 비율이 항상 일정하기에 화석 내에 존재하는 방사선 동위원소의 양으로부터 (실질적으로는 방사선 동위원소와 안정적으로 소멸된 원자 사이의 비율을 측정함으로써) 그 화석의 나이를 측정할 수 있는 것입니다.

방사선 동위원소의 반감기 범위는 1초보다 작은 시간에서 수백만 년에 이르기까지 광범위합니다. 보통 연대 측정에 빈번히 사용되는 두 가지는 자연적으로 발생하는 방사선 동위원소인 탄소 14와 칼륨 40입니다.

칼륨-아르곤 연대 측정법

초기 인류의 화석과 같은 수백만 년으로 거슬러 올라가는 화석의 연대를 다루는 데 있어서는 '칼륨-아르곤 연대 측정법'을 사용합니다. 이 측정법은 12억 5,000만 년의 반감기를 가진 방사선 동위원소 칼륨 40의 속성을 사용하고 있습니다. 이 원소는 방사선 붕괴에 의해 드물게 아르곤 40 가스로 변하는 모든 암석에서 발견됩니다.

화산재나 용암으로부터 형성된 돌 안에서 돌이 형성되기 이전에 생성된 아르곤 가스는 이미 방출되었고, 오로지 화산 폭발 이후에 생성된 가스만을 함유하고 있다고 생각할 수 있습니다. 칼륨 40 원소가 아르곤 40 원소로 바뀐 비율을 측정하면 아르곤 가스가 축적되어온 기간을 추정할 수 있기 때문에 화석 턱뼈나 두개골이 단단히 박힌 채 발견된 바위층 안에 갇힌 아르곤의 양을 측정함으로써 화석의 나이를 정확하게 알 수 있는 것입니다.

하지만 10만 년 이상 오래된 화석의 연대 측정에만 이 '칼륨-아르곤 방법'이 사용될 수 있습니다. 이보다 연대가 짧은 화석은 이 방법으로 연대를 측정할 수 없습니다. 왜냐하면 방사선 붕괴에 의해 형성되는 아르곤 40의 양이 너무 적기 때문입니다.

방사선 탄소 연대법

널리 사용되는 또 다른 연대 측정 방법으로는 '방사선 탄소 연대법'이 있습니다. 이 방법은 반감기 5,730년을 가지고 있고 거의 모든 생명체에 존재하는 방사선 동위원소 탄소 14의 붕괴를 이용하는 것입니다. 탄소 14는 우주선 *Cosmic ray에 노출된 질소 14의 중성자 반응에 의해 높은 대기층에서 생성됩니다.

식물과 동물은 그들이 살아 있는 동안 공기로부터 이산화탄소를 흡수하는데, 우리가 들이마시는 공기 속에는 수백 개의 일반적인 탄소 12 당 한 개의 방사선 탄소 14가 섞인 비율로 구성되어 있습니다. 그들이 죽으면 더 이상 탄소 14를 흡수할 수 없게 되고, 이제부터는 오로지 탄소

---

* 우주에서 끊임없이 지구로 내려오는 매우 높은 에너지의 입자선을 통틀어 이르는 말로 우주살이라고도 한다. 우주에서 직접 날아오는 양성자 및 중간자를 1차 우주선이라고 하고, 대기 속에 있는 분자와 충돌하여 이차적으로 생긴 음전자와 양전자를 2차 우주선이라고 한다.

14가 붕괴되는 일만 남게 될 것입니다. 그 결과 한 유기체의 생존 기간 동안 몸속에 흡수된 탄소 14 대 탄소 12의 비율이 변하기 시작합니다. 탄소 14가 붕괴하는 비율이 알려졌기 때문에 화석 내에 탄소 14에서 탄소 12로 변화된 비율을 측정한다면 그 화석의 나이를 알아낼 수 있을 것입니다.

'방사선 탄소 연대법'은 4만 년 이상 오래된 화석에게는 적당치 않은데, 그 이유는 화석에 남아 있는 탄소 14의 양이 너무 적어서 측정하는 데 정확성을 기할 만큼 남아 있지 않기 때문입니다.

열루미네슨스 연대 측정법

4만 년에서 10만 년 사이의 화석 연대를 측정하는 제3의 방법은 '열루미네슨스'입니다. 이것은 화석을 300도에서 600도 정도로 가열하면 빛을 방출하는 현상을 이용하는 것입니다. 이 빛은 사전에 일정 시간 동안 달궈진 화로나 열을 가한 바위 안에 갇혀 있던 전자가 방출됨으로써 발생하는데, 발생한 빛의 강도는 갇혀 있던 전자의 수에 비례할 것입니다.

화석 내에 존재하는 전자는 시간이 지남에 따라 우주선과 같은 자연적 방사선에 노출되면서 화석 내에 축적될 것입니다. 만일 화석이 매우 오래된 것이라면, 연대가 오래되지 않은 화석보다 훨씬 오랫동안 방사선에 노출되어 왔을 것입니다. 그 결과 오래된 화석은 더 많은 전자를 축적하고 있으며, 열이 가해지면 연대가 오래되지 않은 화석보다 더 많은 빛을 방출할 것입니다. 열에 의해 발생된 빛은 측정될 수 있고, 그 강도에 따라 화석의 나이를 측정할 수 있는 것입니다.

찾아보기

인류는 어디에서 왔을까?

인류의 기원을 찾아가는 화석 사냥꾼 이야기

글 · 그림   비먼 바수
옮 긴 이   최영미

초판1쇄 발행   2011년 3월 7일

기   획   허경희
펴 낸 이   허경희
펴 낸 곳   인문산책

주   소   서울시 마포구 연남동 487-158 402호(121-240)
전화번호   02-383-9790
팩스번호   02-383-9791
전자우편   inmunwalk@naver.com
출판등록   2009년 9월 1일 제313-2010-320호

ISBN 978-89-963411-3-0 43470

값 10,000원

이 도서의 국립중앙도서관 출판시도서목록(CIP)은
e-CIP 홈페이지(http://www.nl.go.kr/ecip)에서 이용하실 수 있습니다.
(CIP제어번호: CIP2011000740)